新型职业农民培育系列教材

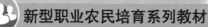

家庭农场

经营管理

侯 杰　王玉红　刘如江　主编

中国农业科学技术出版社

图书在版编目（CIP）数据

家庭农场经营管理 / 侯杰，王玉红，刘如江主编 . —北京：中国农业科学技术出版社，2015.8（2024.6重印）

ISBN 978-7-5116-2189-4

Ⅰ.①家…　Ⅱ.①侯…②王…③刘…　Ⅲ.①家庭农场-农场管理-中国-技术培训-教材　Ⅳ.①F324.1

中国版本图书馆 CIP 数据核字（2015）第 172204 号

责任编辑	崔改泵
责任校对	马广洋

出 版 者	中国农业科学技术出版社
	北京市中关村南大街 12 号　邮编：100081
电 　话	(010)82109194(编辑室)　　(010)82109702(发行部)
	(010)82109709(读者服务部)
传 　真	(010)82106650
网 　址	http://www.castp.cn
经 销 者	各地新华书店
印 刷 者	北京建宏印刷有限公司
开 　本	850mm×1 168mm　1/32
印 　张	7
字 　数	158 千字
版 　次	2015 年 8 月第 1 版　2024 年 6 月第 6 次印刷
定 　价	25.80 元

《家庭农场经营管理》

编 委 会

目　录

第一章 家庭农场经营概述

第一节 家庭农场经营的特点

【经典案例】

　　张玲家住在江苏苏北的一个乡村里，家里有爷爷、奶奶、爸爸、妈妈和弟弟共六口人。爷爷奶奶老了，只能在家里做一些力所能及的家务活，爸爸妈妈承包了村里15亩田地（15亩＝1公顷；1亩≈667平方米。全书同）。今年一共收获了水芹、黄瓜、西红柿等蔬菜70 000千克，除了自己家里留了部分做口粮外，其他的都卖给粮食加工企业了。

一、家庭农场经营的概念

　　家庭农场，是指农户以家庭成员劳力为主，利用家庭自有生产工具、设备和资金，在宅基地、承包、租用或其他形式占有的土地上，按照社会市场的需求，独立自主地进行生产经营的组织单元。在市场经济条件下，家庭农场经营不再是过去的自给自足的小生产方式，而是逐步形成以家庭农场为主体，以社会化服务为条件的，进行社会化生产的开放式经营。

　　农户的家庭经营作为一种组织形式，具有血缘关系和伦理道德规范所维系的、超越市场化的工厂经营的激励监督机制，具有跨越时间和空间的活力以及超越生产力水平和经济发展水平阶段的限制，从而表现出无比的优越性，具有普适性。这一组织形式，最早产生于原始社会末期，历经各种社会形态，至今仍显现出其强大的生命力。发达国家在实现农业现代化建设的整个过程中，农业生产和组织方式都是以农民家庭经营组织为主体的。

二、我国的家庭农场经营经历了三个阶段

(一)个体农户时期的家庭经营

我国从春秋战国到 20 世纪 50 年代农业合作化前的几千年间，是以土地私有制、家庭农场为生产单位的个体家庭农场经营阶段。

(二)集体经济时期的家庭农场经营

农业合作化以后，随着农业生产力的发展，特别是对农田水利等农业基础设施的需求增加和适度集中土地经营的要求，出现了农业互助合作组织，如以土地入股形式的合作社等经营形式。

(三)双层时期的家庭农场经营

党的十一届三中全会后，农村广泛地实行了村级"统一经营"和家庭农场"分散经营"相结合的双层经营体制。作为双层经营的一个层次，家庭农场，一方面对集体所有的土地，实行联产承包经营；另一方面还可以自主开发庭院空间和其他闲散荒地等资源，进行独立的家庭经营活动，形成一种兼业的或多业的家庭经营模式。村级"统一经营"层次，是为了克服家庭经营的局限性，充分发挥集体经济的优越性。

三、家庭农场经营的特点

(一)统一性与分散性

家庭农场经营,一方面,作为承包经营户,是社区合作经济组织的成员,依据承包合同,接受社区的统一规划指导、统一机械作业和各种信息服务,从事生产经营活动,完成包干任务,具有"统一性"特点;另一方面,承包制家庭经营是合作经济的一个经营层次,属于新型的家庭经济,无论是与过去的集体经济比较,还是与规模较大的国有农场经营比较,都是一个相对独立的生产经营单位,实行自主经营,包干分配,具有"分散性"特点。

(二)自给性与商品性

家庭农场经营的自给性生产和商品性生产的程度及其比例关系与各地农业生产力水平和市场环境成正相关。随着市场经济体系的不断完善,农村工业化和农业现代化进程加快,将极大地促进农业土地使用权的合理流转。家庭农场经营,也逐步分离出以农业专业化经营和农村非农产业经营为主的农户,商品性生产经营正逐步成为家庭农场的主要经营方式。

(三)专业经营与兼业经营

家庭农场专业经营,即指农户从事某一项生产或劳务的经营。兼业经营,是指以户为单位实行主业与副业相结合的经营,即依据劳动者的专长和有利的自然经济条件及市场需求状况,选择某项生产为主业,同时又利用剩余劳动时间和其他生产资源从事某些副业。现在,家庭农场经营除经营农业外,还可从事工、商、运、建、服务业中的一些项目,不放弃承包的土地,在从事农业的同时又兼营其他,这样一来,既可以分散经营风险,又可以获得更多的经济收益。

(四)灵活性与计划性

市场经济条件下的家庭农场,拥有更多的经营自主权,其人员少、规模小、管理层次少,可以根据市场需求变化,及时调整生产方向,做出相应决策,其经营具有较强的灵活性。同时,一般农户虽然没有正规的书面计划,但大多能按照自身消费(包括生产消费和生活消费)需要,做出灵活的计划安排。随着家庭农场经营规模的扩大,农民文化水平的提高,农户经营计划内容将不断丰富,作用也日益突出。

(五)小规模与大群体

目前,除专业大户雇工经营外,一般家庭农场经营是地少、人少、资金设备少、产量产值小的小规模经营。

当前,在家庭农场经营中,又出现了农户之间的相互联合,共同从事某项生产经营,如具有群体性的粮食生产、棉花生产、果品生产、蔬菜生产,以及养殖业、工副业生产经营等,均显示出一定的优越性。所以,家庭农场的小规模经营与群体性经营相结合,将是今后家庭农场经营发展的一大趋势。

第二节　家庭农场经营的类型

【经典案例】

王宇家住在江苏苏北的一个乡村里,和张玲是邻居。

家里有奶奶、爸爸、妈妈和他自己四口人。王宇家只种了七亩田，爸爸妈妈主要在镇里的一家纺织厂上班，农忙的时候才请假回家抢收抢种，平时都是由奶奶帮忙照应田地。

案例思考：说出家庭农场经营的分类。

家庭农场经营的类型可作如下划分。

一、按其在双层经营中的关系划分

按其在双层经营中的关系划分为承包经营型、自有经营型、承包经营与自有经营相结合型。承包经营型是在坚持土地等生产资料公有制的基础上，在合作经济组织的统一管理下，将集体的土地发包给农户耕种，实行自主经营、包干分配；自有经营型是农户利用集体所有、农户永久占用的住宅庭院，包括房前屋后及划归农户开发利用的街道路边和隙地，利用自有资产（财产）而独立进行的家庭开发经营；承包经营和自有经营相结合型是市场经济发展与家庭农场经营自主权的扩大，多数农户是承包经营与自有经营相结合型，少数是自有经营型。

二、按从事农业生产劳动的专业化程度划分

按从事农业生产劳动专业化程度划分为专业农户、兼业农户。专业农户是指家庭农场中的整男劳力主要从事农业经营，其家庭收入主要来源于农副产品的生产销售；兼业农户是指以经营农业为主，又兼营非农产业。

三、按家庭经营的组织化程度划分

按家庭经营的组织化程度划分为单个经营型和联合经

营型。单个经营型,即分散经营型,是我国家庭农场经营的基本特点之一,是小规模分散经营;联合经营型是指农户之间或农户与村级社区之间联合经营的一种方式。

四、按家庭经营的商品化程度划分

按家庭经营的商品化程度划分为自给性经营、商品性经营、自给性与商品性相结合经营,自给性经营是一种自给自足的经营方式,生产的目的不是为了交换,而是直接获取使用价值,以满足家庭成员基本生活消费的需要;商品性经营是指为他人生产使用价值,为自己生产价值,即为交换而进行生产;自给性与商品性相结合经营是一种半自给、半商品型农户的经营方式,它既从事自给性生产,直接为家庭成员提供生活消费资料,又从事商品性生产,用于市场交换以获取货币收入,它是介于自给型与商品型农户经营之间的过渡形态,也被称为半商品型农户经营。

第二章　家庭农场建设

家庭农场建设必须按照农场规划设计方案有序进行。依据家庭农场的定位与功能布局，充分利用现代高新技术、设施农业栽培技术立体种养技术、无公害生产技术、高效生态农业生产技术，加强家庭农场基础设施建设，把现代种植技术、养殖技术、设施农业技术应用于农场生产开发之中，促进农场生产现代化、管理信息化，实现农业增效、农场增收的目标。

第一节　家庭农场的认定

目前，在全国约 87.7 万个家庭农场中，已被有关部门认定或注册的共有 3.32 万个，其中，农业部门认定 1.79 万个，工商部门注册 1.53 万个。实践中，有的家庭农场登记为个体工商户，有的登记为个人独资企业，有的登记为有限责任公司。为此，各地对于家庭农场是否需要工商注册看法不一，很多家庭农场主也比较迷茫。

明明是从事农业生产经营的"农商"，为什么家庭农场要到工商部门注册呢？这是因为，我国没有"农商"登记注册的法律制度，而只有在政府部门登记注册成为法人，才能取得税务发票并进行市场交易。农业部日前出台的意见明确提出，依照自愿原则，家庭农场可自主决定办理工商注册登记，以取得相应市场主体资格。农业部和国家工商管理总局对此做了专题调研，并达成了共识：家庭农场是一个自然而然发育的经济组织，现实中许多存在的较大规模的经营农户其实就是家庭农场，但不一定非要到工商部门注册；注册的形式可以多样化，由于家庭农场不是独立的法人组织类型，在实践中有的登记为个体工商户，有的登记为个人独资企业，还有的登记为有限责任公司。

从实践情况看，到工商部门登记的家庭农场在经济发达的地区比较多，这是因为他们从事农产品的附加值比较高，特别是发展外向型农业的家庭农场，出于经营方面的需要，可以提高公信力和竞争力，因而有动力去工商部门注册登记。农业部提出要建立家庭农场管理服务制度，县级农业部门要建立家庭农场档案，县以上农业部门可从当地实际出发，明确家庭农场认定标准，对经营者资格、管理水平等提出相应要求。

专家认为，把握家庭经营的规模，可以从 3 个方面衡量：一是与家庭成员的劳动生产能力和经营管理能力相适应；二是能实现较高的土地产出率、劳动生产率和资源利用率；三是能确保经营者获得与当地城镇居民相当的收入水平。具体来说可以从 5 个方面展开，即组织主体、组织方式、经营领域、经营规模和市场参与。

一、组织主体

家庭农场的组织主体是家庭。在农业生产决策单元中，农民家庭被认为是具有独立市场决策行为能力的最微观主体。但是，受农村劳动力流动的影响，家庭农业生产决策越来越复杂，非户主决策现象突出。因此，在家庭农场组织主体认定上，必须是以家庭户主为主、家庭主要成员参与的组织主体。

二、组织方式

家庭农场的组织方式非常重要，直接决定家庭农场能否做大做强，发展成为新型的、重要的农业经营主体。家庭农场组织方式应为企业化组织，其原因：一是家庭农场需要流转土地、市场融资，即参与市场资源配置，企业化组织更方便组织资源；二是从管理上，我国在对企业的市场经营管理上已经具有成熟的做法和经验，方便对家庭农场的市场行为进行规范化管理。

三、经营领域

家庭农场显然必须以农业为基本经营对象，但是，家庭农场有别于种养大户和小农户，其经营领域应充分体现农业的市场价值，需要通过盈利支撑农场的持续性发展。因此，家庭农场必须拓展农业除生产功能以外的其他功能，如服务功能、生态功能等，走以规模化农业生产为基础的综合化经营的新路子。这意味着家庭农场必须是具备"三生一服"（生产、生活、生态和服务）的综合经营功能。

四、经营规模

家庭农场经营规模指标建议为参考性指标，因为各地区的土地资源禀赋存在较大差异，如东北地区家庭拥有 50 亩土地是常态，而江浙地区家庭承包耕地面积往往只有几亩。因此，建议家庭农场经营规模应在当地人均耕地面积的 50 倍左右即可。

五、市场参与

家庭农场界定为企业化组织，意味着家庭农场的经营目的是追求利润最大化，追求市场利润最大化的基本要求是较高的市场参与度，因此，家庭农场的产品和服务的商品化率应达到80％以上。

总之，由于刚刚起步，家庭农场的培育发展还有一个循序渐进的过程。国家鼓励有条件的地方率先建立家庭农场注册登记制度，明确家庭农场认定标准、登记办法，制定专门的财政、税收、用地、金融、保险等扶持政策。因此，中国式家庭农场是一个动态的、地区的概念，其规模与分布因生产力差异也不尽相同，其规模特征很大程度上依靠专业化分工协作而形成的群体规模优势来实现，从耕种到收割、从物资采购到产品销售等主要环节有专门的服务组织来完成，而田间管理靠家庭成员，以扩大服务的规模来弥补土地规模经营的不足。虽然中国式家庭农场有微型、小型、中型、大型的家庭农场之分，但这是经营规模与家庭特点相匹配的结果。

第二节　家庭农场规划的原则、方法与步骤

规划是指进行比较全面的长远的发展计划，是对未来整体性、长期性、基本性问题的思考和设计未来整体行动方案。规划有其相应的原则要遵循，同时也要按一定的方法与步骤进行。不同规划对象与目的，应有不同的规划原则与方法。所以，家庭农场规划必须按照其特定的原则、方法与步骤来进行，以确保规划方案具有科学性、客观性

与可行性，有利于农场的建设和可持续发展。

一、家庭农场规划遵循的基本原则

1. 提高农业效益原则

家庭农场是在加快城市化进程、转变社会经济发展思路、推动农业转型升级背景下的农业发展新模式，是实施土地由低效种植向高度集成和综合利用，以适应城市发展、市场需求、多元投资并追求效益最大化的有效途径。因此，规划布局应充分考虑家庭农场的经营效益，实现农场开发的产业化、生态化和高效化，达到显著提高农业生产效益、增加经营者收入的目的。

2. 充分利用现有资源原则

一是充分利用现有房屋、道路和水渠等基础设施。根据农场地形地貌和原有道路水系实际情况，本着因地制宜、节省投资的原则，以现有的场内道路、生产布局和水利设施为规划基础，根据家庭农场体系构架、现代农业生产经营的客观需求，科学规划农场路网、水利和绿化系统，并进行合理的项目与功能分区。各项目与功能分区之间既相对独立，又互有联系。农场一般可以划分为生产区、示范区、管理服务区、休闲配套区。二是充分利用现有的自然景观。尽量不破坏家庭农场域内及周围已有的自然园景，如农田、山丘、河流、湖泊、植被、林木等原有现状，谨慎地选择和设计，充分保留自然风景。

3. 优化资源配置原则

优化配置道路交通、水利设施、生产设施、环境绿化及建筑造型、服务设施等硬件；科学合理利用优良品种、高新技术，构建合理的时空利用模式，充分发挥农业生产潜力；合理布局与分区，便于机械化作业，并配备适当的农业机械设备与人员，充分发挥农机的功能与作业效率。此外，为方便建设，节省投资，建筑物和设施应尽量相对集中和靠近分布，以便在交通组织、水电配套和管线安排等方面统筹兼顾。

4. 充分挖掘优势资源原则

认真分析家庭农场的区位优势、交通优势、资源优势、特色产品优势，以及农场所在地光、温、水、土等方面的农业资源状况，并以此为基础，合理安排家庭农场的农作物种植、畜禽养殖的特色品种、规模以及种养搭配模式，以充分利用农业资源和挖掘优势资源；在景观规划上，充分利用无机的、有机的、文化的各种视觉事物，布局合理，分布适宜，均衡和谐，尤其在展示现代化设施农业景观方面以达到最佳效果，充分挖掘农场现有自然景观资源。

5. 因地制宜原则

尽可能地利用原有的农业资源及自然地形，有效地划分和组织全场的作业空间，确定农场的功能分区，特别是原有的基础设施，包括山塘、水库、沟渠等，尽可能保持、维护，以节省基础性投资；要尊重自然规律，坚持生态优先原则，保护农业生物多样性，减少对自然生态环境的干扰和破坏。同时，通过种植模式构建、作物时空搭配来充分展示农场自然景观特色。

6. 可持续性原则

以可持续发展理论为指导，通过协调的方式将对环境的影响减少到最小，本着尊重自然的科学态度，利用当地资源，采取多目标、多途径解决环境问题，最终目标是建立一个具有永续发展、良性循环、较高品质的农业环境。要实现这一规划目标，必须以可持续性原则为基础，适度、合理、科学地开发农业资源，合理地划分功能区，协调人与自然多方面的关系，保护区域的生命力和多样性，走可持续发展之路。

二、家庭农场规划方法

王树进针对农业园区的规划提出了"四因规划法"。家庭农场规划设计可以参照此方法进行。四因规划，即因地制宜、因势利导、因人成事、因难见巧。在此基础上，我们认为家庭农场可以采用五种方法进行规划：

1. 因地制宜

掌握农场规划地块本身及周边的地形地貌、乡土植被、土壤特性、气候资源、水源条件、排灌设施、耕作制度、交通条件等具体情况，以制定场区规划。因此，因地制宜规划法则，要求在规划工作前期，深入了解农场地块及周边的自然地理环境、农业现状和基础建设条件，获得重要的基础数据，以保证规划方案具有较强操作性。

2. 因势利导

农场本身就是一个系统，根据系统工程原理，系统功能由其内在的结构来决定，而系统能否发展壮大，由其内在结构因素和外部因素共同决定。外部因素通常包括经济周期、科技发展趋势、政府宏观政策、行业发展状况等。因势利导法则要求在规划时，综合分析社会进步、经济发展、科技创新、市场变化的大趋势，国内外相关行业的总趋势，研究政府的意志和百姓的意愿，对农场进行战略设计和目标定位。在此基础上，对农场进行功能设计和项目规划，保证农场发展在一定时期内具有先进性和前瞻性。

3. 因人成事

农场主体属地化特征和区域优势对农产品影响较大，要求在组织管理体系和运营机制的设计中，把科学管理的一般原理和地方行政、地方文化相结合。应用因人成事规划法则，要求在规划过程中要研究规划实施主体及其内外关系、相互关系，通过反复征求项目实施主体对规划方案的意见，甚至可以把规划实施的主要关系人纳入到规划团队中，使规划方案变成他们自己的决策选择。

4. 因难见巧

主要强调规划成果要解决项目的发展难题提出一个可行方案。要求农场规划者要有更高的视野来设计农场的目标和功能，在规划过程中自觉运用系统工程的思想和方法，积极思考，勇于创新，通过反复调查、研究、策划、征询、论证、提高，锤炼出既有前瞻性又有可操作性的农场建设和运营方案。

5. 因事制宜

主要针对农场定位、场内项目的规划、功能分区以及景观设计等而言。根据农场所在区域特征、资源优势以及业主的要求确定农场的主题。如果是休闲农场，也应有其鲜明的主题和特色；如果是单一种植农场、养殖农场，也应有其主要品种与规模；如果是综合性农场，是生产性的还是科技展示性的或多功能复合性的，必须考虑各个功能分区布局以及其适宜的组配模式。因此，在确定农场主题的前提下，应该根据场内实际条件，科学合理规划场内分区、功能项目、景观营造等，确保农场的规划符合业主要求，科学合理，同时操作性强。

三、家庭农场规划的基本步骤

进入农场规划的前提是农场投资者或经营者做好了相关准备工作，比如，在农场选址、规模、发展定位、发展方向，以及初步投资意愿等方面作了较充分的考虑。在此基础上，选择规划单位进行规划设计。规划单位的选择应充分考虑单位水平、规划人员的文化背景和规划经验。在双方达成正式协议后，开始进入实质性规划阶段。

（一）调查研究阶段

1. 规划（设计）方在农场经营者或投资者邀请下进行考察

了解农场用地的自然环境状况、区位特点、特色资源、规划范围、收集与农场有关的自然、历史和农业背景资料，对整个农场内外部环境状况进行综合分析。

（1）基础条件。对家庭农场规划场地的作物种植状况、土地流转情况、区域界限、各类型土地面积、地形状况和场地所在地区的气候和土肥情况、水资源的分布与储量状况进行调查，确定该地区所适合种植的农业作物的种类，并根据场地地形地势的差异合理布置作物的种植区域。了解地区的基础设施状况，包括农场所在地交通状况、水利设施、水电气情况等方面。同时，还可以了解地区的环境质量状况，水体、土地的污染程度等，为今后的改善和治理工作打下基础。

（2）社会经济发展状况。家庭农场的发展是以地区的经济水平为基础的，一方面家庭农场的开发需要地方经济的支持，另一方面当地经济的发展能带动家庭农场各产业的发展。因此，在规划初期一定要结合地区的经济发展状况确定家庭农场的类型和规模，这样不仅能节约投资，还能避免造成资源的浪费和对环境的破坏。

2. 市场调研

明确市场供求现状和发展前景，是选择项目方向的重要前提。首先要明确调研目标，制定调研方案，然后组织调查，收集基础资料，通过实地调查和分析研究，提出调研报告。

(1)市场供求状况。农产品规模化生产后，还应投入到市场中，确定农产品的市场经济价值，只有生产具有市场经济价值的农产品，才能产生更好的经济效益。因此，在规划前期应对当前农产品市场的发展趋势进行预测，确定具有投资潜力的农产品种类，这将有助于家庭农场生产规划的顺利进行。市场的选择大多是对应本地区或是本地区周边省市，但对于本身基础较好，经济实力较雄厚的家庭农场也可以面向全国，甚至国外市场。

(2)投资经济效益分析。根据市场调查数据的统计分析，结合农场的建设背景和市场容量，确定家庭农场的开发规模和建设项目，从而预测出家庭农场建设的投资成本和收益利润，为农场的顺利建设提供保障。

3. 提出规划纲要

特别是主题定位、区位分析、功能表达、项目类型、时间期限、建设阶段、资金预算及投入产出期望等。

(二)资料分析研究阶段

(1)分析讨论后定下规划的框架并撰写可行性论证报

告，即纲要完善阶段。一般包括农场名称、规划地域范围、规划背景、场内布局与功能分区、时间期限、建设阶段、投资估算与效益分析等内容。

（2）农场经营者和规划（设计）方签订正式合同或协议，明确规划内容、工作程序、完成时间、成果等事宜。

（3）规划（设计）方再次考察所要规划的项目区，并初步勾画出整个农场的用地规划布置，保证功能合理。

（三）方案编制阶段

1. 初步方案

规划（设计）方完成方案图件初稿和方案文字稿，形成初步方案。图件包括规划设计说明书、平面规划图及各功能区规划图等。

2. 论证

农场经营者和规划（设计）方双方及受邀的其他专家进行讨论、论证。

3. 修订

规划（设计）方根据论证意见修改完善初稿后形成正稿。

4. 再论证

主要以农场经营者和规划（设计）两方为主，并邀请行政主管部门或专家参加。

5. 方案审批

上级主管及相应管理部门审查后提出审批意见。

（四）形成规划文本阶段

包括规划框架、规划风格、分区布局、道路规划、水利规划、绿化规划、水电规划、通信规划和技术经济指标等文本内容和绘制相应的图纸。文本力求语言精练、表述准确、言简意赅。

（五）施工图件阶段

施工图纸包括图纸目录、设计说明书、图纸、工程预算书等。图纸有场区总平面图，建筑单位的平、立、剖面图，结构、设备施工图等。这是设计的最后阶段，主要任务是满足施工要求，同时做到图纸齐全、明确无误。

第三节　家庭农场规划的内容与要求

随着经济社会的发展，规模农场的建设在我国呈现蓬勃发展趋势，许多家庭农场、种养大户、专业合作组织、农民合作社等开始投资家庭农场。家庭农场建设是农业经营模式的创新，其发展顺应了社会的需求。但家庭农场建设缺乏理论指导，缺乏成功经验借鉴，缺乏农场在本区域的正确定位和科学合理的规划设计，以及全方位的技术支持等。因此，农场规划与建设有待深入研究与探讨。

一、家庭农场规划的基本要求

我们认为，家庭农场规划设计必须达到几个方面的要求。

1. 定位明确

结合场区实际情况，确定农场主题，突出农场特色。首先必须确定农场的主体功能。种植农场确定种植哪一种或几种主要作物，如何合理配置；养殖农场确定养殖哪一种或几种主要畜禽或水产；综合农场确定种植、养殖种类以及循环利用模式；休闲观光农场根据农场区位特征，确定一个鲜明的主题。在经济发达、城市化发展快的大城市，可以不以某一特色为主题，可以充分体现农业的新内涵和多样化，其建设与现代化城市的环境和功能相匹配。在中小城市及经济较发达的县（区），要体现"特"和"专"，即体现农业特色和某方面的专业水平，以本地特产或特色品种为主。

2. 布局科学

家庭农场功能布局、建筑设施、生产设施、水利设施、交通道路等设置科学合理，满足农场生产管理以及配套服务等方面的需要。要求设计者既要懂得农业生产、农业经济、生态理论等方面的专业知识，还应具有一定的规划设计功底、文化素养、生态美学等方面的知识，把农业生产有机地融入到农场设计之中，创造出美的视觉享受。规划过程中切勿机械组合、堆砌，应突出农业生产这个中心主题，建设成充满生机与活力、主题鲜明的家庭农场。

3. 展示科技

家庭农场应成为农业高新技术展示窗口与应用平台，要充分体现采用现代化科技手段进行作物栽培和畜禽养殖的相关技术和模式。广泛采用现代农业新技术、新设施、新产品，以及把各种环保节能新技术应用到农场生产、生活的各个领域，使生产、生活以最少的物质和资源投入，获得最大回报。比如，农业机械、农业设施的使用、立体种植模式、循环农业模式、自动喷灌、温室大棚、增温保温技术、无土栽培技术等，充分体现农场生产的科技含量。

4. 生态和谐

家庭农场规划设计首先要充分尊重自然规律，利用生态学原理，在农业生产领域进行科学设计，合理进行时空布局，最大限度地利用农业自然资源，显著提高资源利用效率。其次，利用有利于生态循环的技术进行种植、养殖设计，构建场内循环利用系统，对作物生产、畜禽养殖进行无害化处理、资源化利用。第三，道路、建筑和围墙等立体空间尽可能绿化美化，创造一个生物四季演替繁衍、平衡和谐的生态系统。

二、家庭农场规划的主要影响因素

一般来说，一个家庭农场往往包含多个项目。家庭农场总体规划，要充分考虑以下 9 个方面的因素：农场定位、科技含量、功能需要、经济效益、社会影响、环境保护、投资风险、建设难度、本地特色。

1. 农场定位

根据前期调研实际情况，以确定农场是单一性种植、养殖农场，还是种养结合农场、科技示范农场、休闲农场等。农场定位必须明确，特色要鲜明。种植农场以哪种作物为主栽作物，养殖农场以哪种畜禽或水产为主，种养结合应考虑哪种循环利用模式，科技示范农场是科技成果展示窗口，考虑示范哪些科技含量高的内容，休闲农场考虑如何集娱乐、休闲与农作于一体。比如，有机水稻生产农场、无公害蔬菜生产农场、优质椪柑农场、奶牛场、花猪养殖场(猪—沼—果)等。

2. 科技含量

进入农场的项目，应具有技术的先进性，突出农产品生产的科技含量。只有引进、开发种植、养殖、休闲等领域的高科技，才能提升农场的整体效益，才能充分体现家庭农场的现实需求。种植农场必须考虑良种良法相结合，充分利用主要农产品优良新品种（系）和比较成熟的实用型先进技术，以机械化生产为手段，以提高产投比，增加生产利润，如水物繁育农场，利用农用飞机进行机械化种子生产等。养殖农场必须结合市场需求，利用先进的养殖技术，采用现代化的管理方式，以提高生产效益；种养结合农场必须在生态学、循环经济理论的指导下，既提高经济效益，又提高生态效益；休闲农场必须开发项目创意与优化配置，以增进知识性、教育性、娱乐性。没有科技含量的农场是不可能持续发展的，也难以达到高效益的目标。

3. 功能需要

对项目的设置要考虑有助于农场整体功能的完善。有的项目，单独看可能科技含量不高，也可能没有什么经济效益，但如果没有它，将带来农场管理和运作的不便，这些称之为功能性配套项目。从提高系统总体效率的角度，这些项目也是需要规划与建设的。

4. 经济效益

经济效益是农场项目选择的核心指标。家庭农场如果没有自身的经济效益，就不可能长期持续发展。经济效益表现在单个项目上，就是该项目的赢利能力，可用净现值、内部报酬率、投资回收期、成本利润率等指标来具体衡量。因此，在项目选择时，除功能性项目外，可以实行经济效益指标的"一票否决制"。

5. 社会效益

家庭农场的社会效益要十分明显，特别是政府主办的家庭农场更应如此。社会效益主要体现在如下五个方面：第一，提高农民收入水平和农村劳动力就业水平；第二，为社会提供农产品和其他服务产品；第三，改善农场从业人员生活和工作条件；第四，促进生产方式的改革，以适应生产力发展；第五，提供农村劳动力就业机会，有利于社会稳定。家庭农场一般来说其社会影响都是正面的，但如果操作不慎，也可能会产生一些负面影响，如强征土地引起农民不满，强迫连片种植某一种作物遭到农民抵制而发生冲突等。因此在选择项目时，要考虑农民的利益和接受的程度，尽量避免可能会产生负面社会影响的项目。

6. 环境保护

环境保护也是家庭农场在建设和发展过程中应重点考虑的因素，是农场可持续发展的重要保障。当然，并不是所有的农业项目都对环境有利。如大规模的养殖场，如粪便处理不当，就可能造成环境污染；我国农村化肥的过量使用，已经对环境造成了一定的危害。家庭农场的项目选择，应以改善环境、优化环境为重要参考指标，包括减少化肥流失、减少农药残留、防止水土流失、提高土壤肥力、净化空气、净化水域、降低噪声污染和降解重金属污染等。比如，测土配方施肥、平衡施肥、病虫害绿色防控等。

7. 投资风险

投资风险是任何项目选择所必须考虑的重要因素。家庭农场不排斥高风险的项目，具有科技家庭农场孵化功能的农场尤其如此。对一个综合性的家庭农场来说，在项目的配置上应该平衡，既要有高风险、高回报的项目，也要有风险小、利润一般的项目。对具体的单体项目来说，任何项目的选定，必须要做可行性研究，在可行性研究中要有风险分析。

8. 建设难度

建设难度是一个可操作性问题，对项目的选择影响很大，与投资风险也有一定的关系。建设难度大，投资风险也就大。家庭农场不排斥开发难度大的项目，但家庭农场的启动项目，建设难度越小越好。

9. 本地特色

家庭农场，特别是现代休闲农场，本地特色是其在竞争中取胜的法宝。一个农业项目，只有有效挖掘并利用了当地的资源优势、市场优势、文化优势、社会条件优势之后，才真正具备吸纳资源的独特能量，市场份额才能得到长期的巩固与扩大。要求一定要将所引进的外来技术与农场的优势条件相融合，使项目本土化，促进农场资源的深度开发利用，同时带动本地产业结构的调整和农民收入的提高。

三、家庭农场规划的主要内容与要求

(一)应考虑的主要因素

家庭农场生产项目规划，是一个项目研究和明确的过程。在这个过程中，需要考虑如下几个方面的因素：项目产品的市场前景、项目实施的关键技术、对本农场和本地的意义、项目内容与操作方案、投资预算、收入规划、运行费用测算、现金流量表的构造、效益评价和风险估计等。

1. 市场前景

市场研究是项目规划的第一步。如果通过市场研究得出有利的结果，项目才有被确立的意义。通过市场研究，分析和预测项目产品（或服务）的特点、优劣势和市场前景，明确产品（或服务）的类型。比如，成本竞争型、质量竞争型、消费引导型；明确市场主要面向国际还是国内、面向外地还是本地，市场容量总共有多大、本项目将占有其中的多大份额。

2. 关键技术

技术的引进和技术条件的改善，往往是家庭农场投资的重点。必须明确：农场项目开发的技术路线、关键技术、本农场的技术优势、解决关键技术问题的条件、改善技术条件的办法等。

3. 本地效应

一个项目只有在本地的社会经济中发挥积极的作用，项目才有发展的可能，才有赢利的机会和后劲。作为家庭农场的经营者或设计者，必须考虑项目对农场总体目标的贡献，与本农场总体目标无关的项目或相悖的项目，不应该引入农场，以免因小失大。

4. 操作方案

操作方案主要指技术上的工艺流程或业务流程，既是理解项目、描述项目的关键步骤，也是项目投资预算、收入和运行费用测算的依据和基础。操作方案应尽可能详细。

5. 投资预算

主要是生产资料、技术和设备等方面的投入，以及本项目所特需的基础建设费用。投资预算主要参考业务流程，此外还必须考虑到前期的沉淀费用和未来在项目建设过程中的管理费用和不可预见费用。

6. 收入规划

收入规划主要考虑更高层面对项目总体经营目标的要求，以及市场定价和拓展的最佳策略。项目满负荷运行时可以得到最大产出量，但实现最大产出量不一定是一个最佳的选择。最佳的选择应该是经济效益最大或系统效率最高，因此需要对收入进行规划。当技术设备的容量确定不变时，项目的收入与运行费用往往成正相关关系。

7. 运行费用

有了收入指标，就应该设计实现收入指标的运行方案，由此可以进一步对运行费用进行测算。运行费用包括物质耗费和人力资源的耗费，这与项目的组织管理形式与运行机制关系非常密切。如何以最少的费用实现既定的目标，需要进行多方案的比较。

8. 现金流量表的构造

普通项目的现金流量表，主要有现金流出、现金流入、现金净流入、净现值等栏目构成。项目周期和贴现率是构造表格和计算净现值的重要参数。现金流出包括：投资、运行费用。现金流入包括销售收入（或服务收入）和残值。贴现率通常以政府公布的行业贴现率标准，或以本农场的最大筹资成本或资金机会成本。现金流量表是一个项目经济效益的全面表现和依据。在家庭农场项目的现金流量表中的流入和流出栏中，应将收入和费用支出明确列出，以便对本项自进行综合评价。

9. 效益评价与风险估计

项目的效益评价包括经济效益、社会效益和生态效益的评价。经济效益评价主要依据项目的现金流量表，但要考察数据来源的可靠性和各种安排的合理性。风险估计主要考虑市场行情、技术安排、时间衔接和项目管理等方面。

（二）区位与选址

1. 家庭农场的区位选择

德国人奥格斯特·廖什（August Loseh）说过："我们的生存，在时间上不能由我们的力量来决定，但对于区位，我们大都能够自由选择。"作为承载一种或多种农业经济活动的特定区域，家庭农场的区位选址对农场的规划、建设及后续发展都具有十分重要的意义。良好的区位选择可以便捷地获得农业自然资源、高新技术、资金、人才、信息等，有利于开展农业高新技术的研究及农产品的标准化生产、加工、销售等，可以降低成本，增加利润，提高农场的经济、生态和社会效益。而盲目的选址则不利于农场的建设与发展，甚至会带来永久性的区域经济的低效益。美国著名的 DMJM 房地产开发公司史密斯博士认为：在开发一个高新技术产业农场的时候，区址选择是高技术产业成功的关键。

家庭农场的区位选址需从气候、光照、温度、土壤、水源等与农业生产直接相关的因子及农业科技、配套设施等多个方面考虑。影响家庭农场规划选址的因素很多，其主要的影响因素体现在以下四方面，即基础条件、经济基础、科技水平和人文资源。

（1）基础条件。基础条件是指家庭农场选址地的实际情况，主要包括自然环境条件、用地条件和基础设施条件。基础条件对农场选址有直接的影响，关系到农场的产业规模、空间布局及主导产业发展方向等问题。

　　①自然环境条件。家庭农场基址的自然环境条件主要涉及气候条件、水文与水质条件、生物条件等。气候条件的影响因子主要是指对农作物的生长至关重要的光照、温度和降雨量。优质丰富的水资源不但能为农场内的生产和生活提供用水，而且可以作为景观资源进行开发。生物条件主要包括场内种养现状、微生物的种类及生长状况，影响农场内功能分区与布局。良好的自然环境条件是发展农业生产的基础，也是决定家庭农场选址的关键。

　　②用地条件。用地条件影响家庭农场项目的开展和建设，因此也是选址的重要影响因素之一。主要体现在地形地貌、坡度、用地类型和土地流转集中状况几个方面。常见的地形地貌从坡度分布与分级、沟谷分布数量结构等方面来考虑，主要分为高原型、平原型、盆地型、山地型、丘陵型和岛屿型，不同地形地貌特征使农场类型多样，进而影响到农场的产业类型。总体原则是因地制宜，统筹兼顾，突出特色。坡度对景观营造和建筑道路建设起着重要影响。通过租用、入股等多种形式，促进土地流转，适度集中连片，是影响农场分区布局的重要因素，是兴建农场的重要前提。

　　③基础设施条件。家庭农场选址地内及周边的水、电、能源、交通、通讯等基础设施是农场规划建设中不可缺少的条件和因素。选址地基础设施条件直接关系到农场开发建设的难度和投资的金额。便利的外部交通有助于区域外的人力资源、技术资源、信息资源、资金等向农场集聚，同时可以提高其招商引资的能力，吸引更多有实力的农业科技家庭农场来农场投资。便捷的内部交通则保证农场内农产品生产、加工、包装以及运输等有序进行。水电、能

源设施是农场进行高科技农业生产的保证。完善的通讯设备，有利于保证市场信息、科技信息等的收集、分析和发布。

（2）经济基础。经济基础是指农场规划选址地经济发展状况，涉及经济发展水平、农业发展水平、居民生活水平、资金、市场等许多方面。当地经济环境条件对农场的建设与发展影响很大。对于经济较发达的地区，经济活跃有利于农场集聚资金，产业发达有利于农场生产布局，促进规模化生产和高科技的投入，发展潜力大；反之，潜力小，制约农场及当地产业发展。衡量某地的经济水平的两个重要指标是当地的市场消费能力和投资能力。

①市场消费能力。保障农场未来的农产品能够销售出去是家庭农场立项的必要条件之一，必须予以充分重视。农场所在区域的市场消费能力在很大程度上影响着农场的发展规模和农产品的销售前景，当然也影响着农场经济效益。因此，在农场规划前期，加强市场消费能力的调查分析，是避免造成农产品区域过剩的有效办法。

②投资能力。家庭农场项目资金的来源主要有 3 种途径，一是申请国家财政资金，主要用于农场基础设施建设和农场发展科技支撑等方面；二是引进家庭农场资金投资；三是当地农民入股投资。农场规划选址时需考虑上述 3 种方式的投资能力，或加强与银行、投资公司的合作，拓展投资渠道，探索新的投资方式。

（3）科技水平。场地所在地农业科技水平是农场选址应考虑的因素之一。农业科技包括农业生产技术装备、农业机械化程度、农业耕作技术、农业信息化水平、农业经营管理水平等方面。农业科技水平很高，有利于提高劳动生产率。先进和适用的耕作技术应用范围广，农业资源得到更好的优化配置，充分发挥农业生产的地域优势。先进的农业科技有助于促进农民改变传统的价值观念，生产方式和生活习惯，有利于农业生产经营活动，从而促进农场的健康良性发展。

(4)人文资源。家庭农场的功能一般不再局限于传统农业单一的生产功能，科普功能、教育功能、休闲观光功能等在一定程度上也成为农场功能的重要组成部分。因此，对于家庭农场，特别是休闲观光农场选址地周围的人文资源进行合理开发，把农牧业生产、农业经营活动与农村文化生活、风俗民情、人文景观等农业生产景观、农村自然环境有机结合，建设成融生产、加工、观光游赏、科普教育等多功能为一体的综合性家庭农场。

2. 地址选择应考虑的因素

(1)选择宜做较大规模农业生产的地段，地形起伏变化不是很大的平坦地，作为家庭农场建设地址。

(2)选择自然风景条件较好及植被丰富的风景区周围的地段，也可在旧农场、林地或苗圃的基础上加以改造，这样投资少、见效快。

(3)选择利用原有的名胜古迹、人文景观或现代化新农村等地点建设现代休闲农场，展示农村古老的历史文化或崭新的现代社会主义新农村景观风貌。

(4)选择场址应结合地域的经济技术水平、场址原有的利用情况，规划相应的农场。不同经济水平、不同的土地利用情况，农场类型也不同，并且要规划留出适当的发展备用地。

(三)家庭农场布局

布局是对有关事物和事件的全面安排。空间布局从不同的角度可分为空间功能分布、空间结构设计、空间形态设计、空间要素布置、空间层次分析等；根据不同研究内容又可分为：产业空间布局、绿地空间布局、居住空间布局等。农场空间布局指的是农场各功能小区的空间布置。

在农场系统规划、建设和运营中，场区空间布局是具有重要影响的基础性和关键性工作。根据农场区域自然条件、地形地貌和开发现状，以优化生产区、生活区、管理区、示范区以及休闲娱乐区等为出发点，合理配置农场内主要建筑物、道路、主要管线、绿化及美化设施。对于家庭农场而言，生产区的作物空间布局优化是主要内容。根据场地作物生产结构要求，按作物重要性、作物田块适宜性、作物适植连片性，形成符合作物结构优化目标的空间布局方案。

1. 空间布局方法

(1)土地用途分区。根据《中华人民共和国土地管理法》和土地利用总体规划的有关技术规范要求，土地用途分区是土地利用总体规划的重要内容。依据农场发展定位、土地资源特点和社会经济发展需要的要求，按照土地用途规则的同一性划分土地空间区及土地用途区。

①基本农田保护区。是指按照一定时期人口和社会经济发展对农产品的需求，依据土地利用总体规划确定的不得占用的耕地。基本农田是耕地的一部分，而且主要是高产优质的那一部分耕地。比如，经国务院有关主管部门或者县级以上地方人民政府批准确定的粮、棉、油生产基地

内的耕地；有良好的水利与水土保持设施的耕地，正在实施改造计划以及可以改造的中、低产田；蔬菜生产基地；农业科研、教学实验田；国务院规定应当划入基本农田保护区的其他耕地。

②可调整耕地区。是指将现状为其他农用地但土地条件可以调整为耕地用途、视作耕地进行管理的土地用途区。

③一般农业区。主要用于农业生产，切实保障种植业的需要以及直接为农业生产服务使用的土地用途区。

④林业用地区。指用于林业生产的土地的总称。包括用材林地、防护林地、薪炭林地、特用林地、经济林地、竹林地等有林地及宜林的荒山荒地、沙荒地、采伐迹地、火烧迹地等无林地，灌木林地，疏林地，未成林造林地等。

⑤牧业用地区。是指为畜牧业发展需要划定的土地用途区。

⑥建设用地区。是指为农场建筑发展需要划定的，是利用土地的承载能力或建筑空间，不以取得生物产品为主要目的的用地。

⑦风景旅游用地区。是指具有一定游览条件和旅游设施，居民点以外，为居民提供旅游、食宿、休假等的风景游赏用地和游览设施用地。

⑧人文和自然景观保护区。是指为对自然、人文景观进行特殊保护和管理划定的土地用途区。

⑨其他用地区。是指根据实际管治需要划定的其他土地用途区，其命名按管治目的确定，如可调整耕地区、水源保护区等。

（2）土地开发建设分区。

①重点农用地。农业用地主要用于农业生产及直接为

农业生产服务使用。鼓励农业用地区内的其他用地转为农业生产及直接为农业生产服务的用地；按规划保留现状用途的，不得擅自扩大用地面积。控制农业用地区内的农田改变用途。

②重点建设用地。各项建设用地区内的土地要对应用于各项建设，严格执行总体规划；要节约集约利用土地，努力盘活土地存量，确需扩大的，应利用非耕地或劣质耕地。严禁擅自改变土地原有用途；严禁废弃、撂荒土地，能耕种的必须耕种。控制建设用地规模，严格按照国家规定的行业用地定额标准安排建设用地。

③一般建设用地、一般农用地、混合用地。除改善生态环境、法律规定外，不能擅自改变土地利用类型。严格保护基本农田，以及其他专业化农业商品基地建设用地。禁止乱砍滥伐、倾倒废弃物等破坏生态环境和景观资源的行为。

2. 地理区划方法

地理区划是地理科学进行空间差异特征分析的最基本的方法，根据自然地理环境及其组成成分在空间分布的差异性和相似性，将一定范围的区域划分为一定等级系统的系统研究方法。区域划分的主要依据是区域内的资源、环境、发展的基本条件和潜力，现有生产力水平、面临的主要任务及发展方向等方面的一致性。

(1)生态景观。指由地理景观(地形、地貌、水文、气候)、生物景观(植被、动物、微生物、土壤和各类生态系统的组合)、经济景观(能源、交通、基础设施、土地利用、产业过程)和人文景观(人口、体制、文化、历史等)组成的多维复合生态体。它不仅包括有形的地理和生物景观，还包括了无形的个体与整体、内部与外部、过去和未来以及主观与客观间的系统耦合关系。景观的综合划分是以自然景观、经济景观和人文景观的综合特征的相似性和差异性为前提而进行的，它所要揭示的是景观的全部属性的相似性或差异性，而不是其中的某一方面。

（2）自然景观。根据自然景观的地域分异规律，按地域的相似性和差异性进行地域的划分与合并，即把自然特征相似的地域划分为一个区，在发生差异变化的地方确定为区界；然后，对这些自然特征相对一致的区域的特征，及其发生、发展与分布规律进行研究，并按其区域之间的等级从属关系，建立一定的自然区域单位的等级系统。

（3）经济景观。是指将自然环境各类景观和人文社会各类景观作为一个整体进行研究，探索文化演进中人类对于各类景观资源的消费、创造等行为模式以及由此产生的经济效应和经济活动规律，划分的理论依据是经济景观的地域分异规律。

（4）人文景观。是社会、艺术和历史的产物，带有其形成时期的历史环境、艺术思想和审美标准的烙印，具体包括名胜古迹、文物与艺术、民间习俗和其他观光活动。比如，一些老村子红军长征遗留下来的标语、新中国成立初期遗留下来的口号等。以人文景观的地域分异规律为理论基础，依其社会文化地域综合体的相似性和差异性进行合并和划分，即按其相似性可以把级别较低的人文景观合并成较高级的人文景观，并依其地域联系逐级排列成一个等级序列，即为人文景观区划。

3. 空间布局模式

大规模的综合性农场，特别是科技示范农场的空间布局可以参照现代农业科技园区布局模式，主要分为矩形布局模式、圆形布局模式、圈层布局模式和园中园布局模式。科技农场的实践不仅可以是某一单一模式的运用，亦可以是多种单一模式的综合运用。比如，农场总体布局属于圆形布局模式的，对于局部卫星农场而言也可以采用圈层布局模式或园中园布局模式；对于总体上属于园中园布局模式的，在局部的小园当中也可以采用圈层布局模式。

4. 具体布局方式

家庭农场空间布局要求如下：

(1)要符合区域农业和农村经济发展战略。目前，家庭农场的发展要充分发挥其示范辐射功能，促进周边地区农业和农村经济的发展，推动现代高效农业的发展，繁荣农村经济，带动农民增收，产生良好的经济效益、生态效益和社会效益。

(2)要依据区域农业资源条件。农业资源条件是影响农业产业发展的首要因素，因而家庭农场规划项目时要依据场内地形地貌、土壤类型、气候条件、利用现状等方面来布局。

(3)要依据农场的功能定位。单一功能家庭农场与多功能综合性家庭农场的空间布局模式显然是不相同的。

(4)一般规模的家庭农场的布局形式根据非农业用地，也就是核心区在整个农场所处的位置来划分，常有围合式、中心式、放射式、制高式、因地式(表2-1)。

表 2 - 1　农场布局方式与要求

布局形式	非农业用地	农业用地
围合式	整个农场中心	分布在农场四周
中心式	靠近入口处中心	分布在农场内各区域
放射式	农场一角	其余为农业用地
制高式	农场地势较高处	在其下方
因地式	结合实际情况而定	多种方式并用

（四）家庭农场的分区

家庭农场功能分区时，要有所偏重、有所取舍，做到因地制宜、区别对待。

1. 功能分区原则

（1）满足农场需求。各功能分区及规划内容要满足农场的各项功能要求，分区因需要而设置。种植区根据不同土地用途，亦可划分为不同种植模块，比如旱地种植、稻田种植、林地种植；每个种植模块又可以分为不同作物种植搭配模式。

（2）充分利用农业资源。农业资源包括现有的水利设施、道路、自然景观。自然资源包括阳光、水、土壤等条件。结合农场现有农业资源因地制宜确定农场各功能区类型，尽可能避免大规模基础设施改造而增加农场建设成本。

（3）保持空间布局的完整。空间布局指农场各功能区域在农场内部的具体分布，应尽量保持生产区域的规模，不能太细分。同时，注意保持现有的行政界线、生产区的完整。合理的空间布局有利于农场各区域的有效衔接，提升农场生产效率。

（4）注重以人为本。功能分区应遵循以人为本的原则，特别是休闲观光农场，依照生产者和旅游者的双重需要，通过合理布置功能，既方便农场管理与生产农事，又方便游客观光休闲、娱乐体验，实现更高的生产效率和更舒适便捷的观光游赏。

2. 分区规划

(1)功能分区要求。

①据情设区。根据家庭农场的建设与发展定位，合理分布农场各区域。种植区、养殖区、休闲区等区域合理布局。种植宜农则农，宜林则林，旱地、水田种植结构合理优化，作物搭配、茬口衔接、立体种植科学。整体空间布局可用规范式网状道路或水利形成基本分区骨架，以充分体现农业科学的本质特性和现代农业文化的理念性。

②集中连片。主栽作物应集中连片，便于大面积规模化生产管理；示范类作物按类别分置于不同区域且集中连片，既便于生产管理，又可产生不同的季相和特色景观。

③生态安全。养殖区应根据养殖对象的特点，遵循循环农业的基本原则与生态学的基本原理，科学规划，合理布局，进行无害化处理，资源化利用，变废为宝。

④功能多样。科技展示性、观赏性、体验性和游览性强且需相应设施或基础投资较大的其他项目，应相对集中布局于主入口和核心服务区附近，既便于建设，又利于集聚人气。

⑤高效配置。经营管理、休闲服务配套建筑用地，集中置于主入口处，与主干道相连，便于土地的集中利用、基础设施的有效配置和建设管理的有效进行。

(2)功能分区。典型现代综合农场一般可分为生产区、示范区、观光区、管理服务区、休闲配套区等区域。

①生产区。生产区是家庭农场中占地面积较大，主要

用于农作物生产，果树、蔬菜、花卉苗木园艺生产，畜牧养殖，水产养殖，森林经营，故需选择土壤、地形、气候条件较好，并且具有灌溉、排水设施和水源的区域。区内可设生产性道路，以便生产和运输。

②示范区。示范区是家庭农场中进行农业科技示范、生态农业示范、科普示范、新品种新技术展示、设施农业新装备展示的需要而设置的区域，可以体现农场是新技术推广示范的载体，并能向农场周边辐射，加速农业高新技术应用。

③观光区。观光区是家庭农场中人流集中的地方。通常是休闲农场应有的主要功能区，设有观赏型农田、观赏型作物、瓜果、珍稀动物饲养、花卉苗圃等，场内的景观建筑通常多设在此区。选址可选在地形多变、周围自然环境较好的区域，让游人身临其境，感受田园风光和自然生机所带来的身心愉悦。该区域人流集中，要合理地组织空间，并有足够的道路、广场和生活服务设施。

④管理服务区。家庭农场经营管理而设置的内部专用地区，特别是大型的综合性家庭农场，此区内可包括管理、经营、培训、接待、咨询、会议、车库、生活用房等，一般位于大门入口附近，与农场外主干道有车道相连，与场内其他区有车道相连，便于运输。

⑤休闲配套区。在家庭农场中，特别是综合性农场、休闲观光农场，为了满足游人休闲需要而设立。对于单一的生产性农场可以不专设此区。休闲配套区一般应靠近观光区，靠近出入口，并与其他区用地有分隔，保持一定的独立性。规划者应在充分理解旅游者的心理需求的基础上，通过设立采摘区、体验区、观赏区等区域，充分挖掘农场

特色资源，彰显农场主题，设计融生产体验、农耕文化传承、农业知识普及、休闲娱乐于一体的特色项目，营造一个供游客享受乡村生活空间和参加体验的场所。

（五）农场产业项目规划

农场的规划设计者必须具有农业科技知识背景和跨学科、多技术的整合能力，否则其规划设计方案就难于达到科学性、合理性和可操作性。因此，对农场规划人员的素质提出了很高的要求。

家庭农场规划中的产业项目设计时，既要考虑满足当地开发条件，又能提升农场经济效益，比如，农作物种植、经济作物种植、花卉苗木种植、水产养殖等的场地条件和设施条件。规划时考虑农场生产技术的先进性，特别是机械化生产技术和现代设施农业生产技术的运用。

1. 规划要求

（1）因地制宜。长期的农业生产积累和不断调整优化造就了各地不同的农业特色，产业规划要根据当地的区位特征、资源条件、农业基础及社会经济等因素综合考虑，提出适合农场产业发展的规划思路。同时，不同的区域、地段、地形、水文、气候等条件差异对不同产业类型及构成要求不同，需要的技术和设施要求也不同。

（2）经济效益。农场的项目选择，关系到整个农场的技术水平和经济效益。经济效益是家庭农场生存和发展的主要目标。因此，产业规划时应从实际出发，充分考虑当地资源、市场等方面的优势，抓住当地的农业特色和优势农产品，分析产品市场上的供求关系、价格幅度、风险因子等，弄清农场产品的市场占有额以及市场扩展能力，确定农场产业发展的方向和目标。

(3)主导产业。选择具有资源、市场、技术等潜在优势和广阔发展前景的产业作为农场的主导产业，通过进一步开发和挖掘，发展成为当地农村或区域经济发展的支柱产业，带动农场及当地的农业产业发展。如水稻产区的有机稻米，四川的无花果，青海的冬虫夏草，重庆的翠藕等。

(4)先进技术。农场的项目选择必须以先进的科学技术为支撑，这样农场不仅可以作为带动区域经济的增长点，而且可以成为高新技术产业培育与成长的源头，向社会各个领域辐射，体现农场的示范作用。

2. 产业规划内容

(1)功能定位。家庭农场产业要根据农场规划的指导思想和发展目标，立足于当地社会经济的实际条件，因地制宜，突出重点，确定恰当的建设内容和技术路线，指导农场产业规划建设，使农场发挥其应有的作用和影响。

(2)主导产业。合理的主导产业可以有效带动农场产业发展的步伐，同时还可以辐射周边地区，促进农业经济的发展。因此，在规划农场主导产业时，首先要明确当地经济发展状况和农业产业发展趋势，结合国家和当地政府的农业政策及消费市场需求，认真分析主导产业的发展前景和发展空间。其次，应该慎重选择主导产业，通过定性分析和定量分析进行综合筛选，确定符合要求的产业作为农场的主导产业进行培育。种植业、畜牧业、水产养殖业和农产品加工业以及休闲农业等领域都有可能成为家庭农场的主导产业。

(3)优势产业。优势产业立足于现实的经济效益和规模，注重目前的效益，强调资源合理配置及经济行为的运行状态。家庭农场的优势产业规划应立足于当地农业基础产业的发展现状，在确定了主导产业的基础上，选择主导产业内的优势农产品作为优势产业。比如，种植业中选择优质稻米生产、畜牧业中选择宁乡花猪、黄山鸡、临武鸭养殖等。在农场内为优势产业提供其发挥功能的空间，实现其产业价值。

(4)配套产业。配套产业是指围绕该农场主导产业，与农产品生产、经营、销售过程具有内在经济联系的相关产业。对于以农业生产为主导产业的农场来说，餐饮业、旅游业等第三产业即为该农场的配套产业。观光休闲农场则以观光、娱乐、休闲、养生、体验为主业，农业生产是配套产业。配套产业虽然不能作为农场的主业，但其为保障农场功能的顺利开展，促进农场的全面发展是不可或缺的。

(5)投资概算与资金来源。家庭农场的投资概算主要由固定资产投资和流动资产投资组成，固定资产投资主要包括用于农场内部兴建厂房、建筑物及购置机器设备等固定资产的费用和其他费用，如土地租赁费、勘察设计费以及平整场地费、建筑工程费、公共基础设施费和人员培训费等。流动资金主要包括用于购买农业生产所需的材料、燃料、动力等，以及支付工资和进行农场内经营活动过程所需的各种费用。此外还必须考虑到农场建设前期的沉淀费用和未来在农场建设过程中的管理费用和不可预见费用。

农场的开发建设资金投入较大，因此，应鼓励和吸引社会各方面力量参与投资，不断开辟新的资金来源渠道，形成多渠道、多层次的投资机制。资金来源主要有以下几个方面：一是国家财政资金申请，主要用于农场基础设施建设和农场发展科技支撑等方面；二是积极鼓励金融机构融资、引进家庭农场资金投资，甚至是家庭农场来投资兴办家庭农场；三是加强引导广大农户以土地、劳动力、资金等各种生产要素及以承包、入股等形式建立股份制家庭农场。

(6)效益分析与风险评估。经济效益主要是指农场建成后对农场本身及辐射区带来的直接经济利益和间接经济利益。社会效益主要表现在提供就业岗位、改善社会生活环境、提高居民综合素质、改善投资环境、增加财政税收等方面；同时通过农场的技术辐射，还可带动地区农业产业的发展及农业产业结构的全面升级。生态效益是在产业规划时运用了生态环保、循环利用的理念，将农业发展建立在"绿色生产"基础上，构建生态产业链，提高农场生产效率的同时，维护了农场的生态环境。

家庭农场的主要风险包括市场风险、技术风险、经济政策风险、工程风险、财务风险、投资估算风险、社会影响风险、环境风险等。风险评估一般采用专家调查法、层次分析法、CIM 法及蒙特卡洛模拟法等基本方法进行。主要考虑的是市场行情、时间衔接、技术安排和项目管理等各方面出现偏差时造成农场效益发生变化，威胁投资安全的问题。

(7)组织管理与运行机制。家庭农场的组织管理与运行应遵循市场化运作，最大限度调动农场从业人员的生产积极性和主动性，以农场效益为核心开展农场各项活动。其次，发展产业化经营，如"公司＋农场"。第三，避免过多的行政干预，政府主要是负责协调、指导、监督农场建设，保证农场规范运营。第四，农场应建立完善的人才招聘机制、激励机制及利益共享机制，完善各种规章制度，保证农场各项活动有序进行。另外，为了加强农场的科技含量，可以与科研单位、大专院校等建立合作关系，及时了解最新的农业技术和科研成果。

(8)保障措施。完善农场技术保障机制。依托科研院所，通过成果转让、项目咨询、技术培训等方式为农场的发展提供技术支持。

制定和完善配套政策。为建设家庭农场的投资者、创业人员、高新产业等提供优惠的政策支持。

加强农场社会化服务体系建设。加强农业信息网络建设，完善农产品供求和价格信息采集系统、农业环境和农产品质量信息系统等，为农场发展提供信息服务平台。

建立多层次、多形式、多渠道的投资机制。形成政府财政投入为导向，信贷投入为依托，家庭农场、农民投入为主体，社会资金和外资投入为补充的多元化农业投资格局。

3.农场产业分类

(1)农业生产。作物种植包括大田作物种植、旱地作物种植、园艺作物种植等；林业包括苗圃、花圃、林地、森林公园等；畜牧业包括牧场、家禽养殖场等；渔业包括大型鱼类养殖场、特种鱼类养殖场等。

(2)加工业。属于第二产业范畴，是对农业产业链的延伸。比如米业公司进行稻米深加工、蔬菜加工家庭农场对蔬菜加工，价值提升；果品加工改善果品外观品质，或进行深加工处理，开发附加产品，促进农村剩余劳动力就业，增加农民收入。

(3)休闲农业与乡村旅游业。休闲农场、农家乐、休闲农业园区、休闲农庄、民俗村等以当地农村生活和农业劳动场景为背景开展的集观光、休闲、学习、体验于一体的综合项目，利用农村设施与空间、农业生产场地、农业产品、农业经营活动、自然生态、农业自然环境、农村人文资源等，经过规划设计，以发挥农业与农村休闲旅游功能，增进游客对农村与农业的体验，提升旅游品质，促进乡村旅游业的发展，增加农村就业机会和农民经济收入。

（六）景观规划

农田是景观，农场是景区，农业生产即为景观表达的过程，但对于生产性农场来说，并不是主要内容。在进行家庭农场景观规划时，有机地组配自然素材、人工素材、事件素材，有效地表达与显现家庭农场景观的形象、意境和风格。因此，家庭农场也可以是美丽优雅的风景区。

1. 规划要求

（1）斑块构建。以生态理论为指导，建设高效人工生态系统，实行土地集约经营，保护连片基本农田、优质耕地斑块；控制建筑斑块盲目扩张，构建景观优美，人与自然和谐的宜居环境；重建植被斑块，因地制宜地增加绿色廊道和分散的自然斑块，补偿恢复景观的生态功能。

（2）树种选择。功能区域边界、道路两旁、防护林等地绿化规划以乡土树种为主。这类植物适合当地环境条件，具有较强的适应性和抗性，而且可以体现民族特点和地方风格，且易于就近获得种苗，加快了农场绿化进程，既利于形成景观，又节约养护成本。

（3）立体结构。根据植物的生态学特性，合理配比乔、灌、草、花、菜，形成高低有致、疏密结合的植物群落关系，形成和谐、有序、稳定的植物群落景观，达到赏心悦目的效果和体现休闲功能。

2. 规划内容

(1)道路水系。道路、水渠、防护篱勾画出农场空间格局，自然引导，畅通有序，体现了景观的秩序性和通达性。而且家庭农场内一个完整的道路、水系景观的空间结构，为畜禽、农作物、昆虫等各种动植物提供良好的生存环境和迁徙廊道，是场(园区)中最具生命力与变化的景观形态，是理想的生态走廊。在一些农业历史文化展示的景观模式中，道路及水系景观保留了丰富的历史文化痕迹，这也是家庭农场规划的一项重要内容。

(2)设施农业工程。农业工程设施景观包括水库、池塘、沟渠、挡土护坡、防护林、温室大棚、排灌站、喷灌滴灌等农业生产设施景观，既满足农业生产功能，又呈现出特殊的美学效果。农业设施是指各类农业建筑(畜禽舍、温室和塑料大棚等)能对环境进行调控的各种设备(采暖、光照、通风设备等)；环境自动监测和控制系统，如蔬菜育苗设施、植物工厂、沟渠、山塘水库等。

(3)农业生产。在大多数景观模式的规划中，农业生产景观是最基本和主要的内容。作物间套种搭配形成多层立体高效利用景观、稻田立体种养共栖模式、露地随季节变化的稻、油菜、果、菜等作物的季相色彩，温室内反季节栽培的蔬菜瓜果和鲜活的畜禽水产等，无论在农业公园、农业庄园、风光田园、休闲农场等园(区)都是不可缺少的景观规划内容。

(4)环境绿化。绿化环境景观规划是农场总体景观的一个有力的补充和完善。对于综合性农场，在规划时首先应考虑到不同作物生长对光照有不同的要求，不能影响作物生长，因此，在树种选择上可选用一些具有经济价值的林果、花、灌木等，也可以乡土树种为主，衬托出自然的农林感。

春、夏、秋、冬园艺园林植物与大田作物的季相变化和果树的春华秋实、农场的人景亲和、道路绿化带的赏心悦目，构建了农场景象的时空特征、景观多样性和异质性。

(七)道路规划

1. 规划要求

(1)因需而定。由道路功能定路宽、结构及路面材质，做到既美观又实用。

(2)便利通畅。以科学、有效、便捷为准则，场内道路既要利于生产经营，又要便于集散人流、物流。

(3)网状分布。道路成网规范，功能配套，合理分隔农场内各大小区域。

(4)功能明确。道路线形要与总体规划相结合，有主有次，并具有明确导向功能。

(5)节约用地。充分利用现有道路，并与供排水网结合，尽量节约土地。

2. 规划功能

(1)种植区、养殖区主要是生产服务的专用道和游览观光的兼用道。

(2)集散区内人流、车流、物流的网格状交通主次干道。

(3)成为各不同级别功能区的自然分界线，便于管理和经营。

(4)休闲观光农场，还应考虑服务区、管理区内游览观光用的游览车道和交通便道。

3. 规划内容

交通道路规划包括对外交通、入内交通、内部交通、停车场地和交通附属用地等方面。

(1)对外交通。指由其他地区向农场主要入口处集中的外部交通，通常包括公路、桥梁的建造和汽车站点的设置等。对外交通对于农场的整体发展至关重要。在进入农场的道路设置有趣的引导标识吸引人的视线和激发其进入农场的强烈欲望。

对于观光休闲农场，外部引导路线的长度是极其重要的。根据游客不同出行方式的心理感受，在距离农场5千米处，设置大型广告牌。通过农场的实际照片及简单文字，介绍农场性质和特色项目。在整条外部引导路线上，每隔500米设置一处和农场主题、景点有关的雕塑，样式、形态、大小要有节奏变化。

(2)入内交通。指农场主要入口处到农场的管理、服务或接待中心间的道路，路面要求较宽、美观、实用。

(3)内部交通。内部交通系统的规划内容主要包括以下3个方面。

①道路交通流线尽可能利用或选择自然现存的通道，如现有道路、河流等。

②道路宽度要根据农场的性质以及各个功能区的特点与作用来确定主干道路、主要道路和次要道路及其宽度。

③交通方式主要有地面交通和水上交通。主要包括车行道、步行道等。

一般农场的内部交通道可根据其宽度及其在农场中的串联组织作用分为以下3种。

①主干道路。主干道路连接农场中主要区域及景点，构成农场道路系统的骨架。休闲农场在道路规划时还应尽量避免让游客走回头路。

②主要道路。主要道路要伸出各生产小区，路面宽度约为3米，便于农用机械的入区操作。

③次要道路。人行道路为各生产小区内的行走小路。布置比较自由，形式较为多样，对于丰富农场内的景观起着很大作用。

(八)绿化规划

1. 规划要求

在农场植树绿化既可以减少灰尘、净化空气，同时也可以调节气温，减少辐射、降低风速、截留降水，为农场农业生产创造有利条件。对于单一生产性农场而言，绿化规划不是其主要内容，可以作为辅助内容考虑。

(1)农场绿化要体现造景、游憩、美化、增绿和分界的功能。

(2)主要针对管理服务区、功能区边界、主干道路两旁以及闲置空地等，因地制宜进行绿化造景，而且不能影响到农作物生长所需的光照。

(3)绿化主要是植树、栽花、种草，而且宜用本地树种、花种、草种。

2. 规划内容

首先要按植物的生物学特性，从家庭农场的功能、环境质量、布局的艺术性等要求出发来全面考虑。家庭农场中不同的分区对绿化种植的要求也不一样。以综合性生产农场为例：

（1）生产区。种植区一般以落叶小乔木为主调树种，常绿灌木为基调树种形成道路两侧的绿化带，总体上形成与生产区内农作物四季变化的景观季相的互补效应。

（2）观光区。观光区内植物可根据农场主题营造不同意境的绿化景观效果，总体上形成以绿色为基调且季相变化丰富的植被景观。在大量游人活动较集中的地段，可设开阔的大草坪，并种植高大的乔木。

（3）管理服务区。可用高大乔木作为基调树种，与花灌木和地被植物结合，一般采用规则式种植，形成前后层次丰富、色块对比强烈、绚丽多姿的植被景观。

（4）休闲配套区。可种植一些观花小乔木并且搭配一些秋色叶树和常绿灌木，以自由式种植为主，地被四时花卉、草坪，形成春夏赏花、秋有红叶、冬季常绿的四季景观特色。也可规划建造一些花、果、菜、鱼等不同造型和意境景点，既与观光休闲农场主题相符，又增加农场的观赏效果。

3. 供选择的绿化植物

（1）观光乔木。常绿乔木，如油松、白皮松、龙柏等；落叶乔木，如槐树、泡桐、榆树等；广玉兰、马掛木、黑松、雪松、池杉、香樟、合欢、枫香、金丝垂柳、乌柏、楽树、白玉兰等。

（2）观光灌木。月季、玫瑰、金钟花、沙抑、迎春、黄杨、栀子、海棠、红花橙木、杜鹃、金丝桃、六月雪、金叶女贞、夹竹桃、扶桑、海桐等。

（3）观果灌木。火棘、枸杞、沙棘、石榴、金橘、水苟子、南天竹、枸骨、小檗等。

（4）芳香树种。含笑、桂花、丁香、栀子、米兰、紫藤、月季等。

（5）观赏蔬菜。彩叶生菜、五色椒、羽衣甘蓝、刺茄、金银茄、非洲茄、黄花菜等。

（6）地被花卉。波斯菊、三色堇、金盏菊、孔雀草、诸葛菜、美女樱、蜀葵、葱兰、鸢尾、四季海棠等。

（7）观花植物。梅花、腊梅、玉兰、樱花、连翘、丁香、紫薇、迎春花等。

（8）观叶植物。银杏、栾树、青桐、火炬树、紫叶李、紫叶碧桃等。

（9）水生花卉。水葱、菖蒲、浮萍、慈姑、荷花、睡莲、千屈菜、泽泻、碗莲等。

（九）场内水电规划

1. 规划要求

（1）农场内外水系贯通，有水源或有进水，排水通畅。

（2）充分利用原有的主要水系及水利工程，节省投资。

（3）场内灌排工程要因地制宜。

（4）分别考虑生产和生活用水。

（5）计算用电负荷，科学架设电网，安全布置电路。

2. 规划内容

（1）灌排水设施规划。

①灌、排、蓄兼用。包括农场内主干水系。

②灌溉专用。场田内用与进水的硬质沟渠及喷、滴灌等用的各级专用干支管道。

③排水专用。场田内各级排水沟系，一般宽 1.0～1.2 米，深 0.5～0.8 米。

④种养兼用。"果—基—鱼塘"、"猪—沼—果（茶、林）—渔"等生态工程区。

⑤造景、养殖兼用。生产区、示范区、观光区、管理服务区内新开挖的池塘。

(2)生活用水规划(估算)。

①农场根据最高常住人口估算,最高日需水量按 200 升/(人·日)计。

②休闲农场规划则根据最高日流动人口估算,最高日需水量按 100 升/(人·日)计。

③规划家禽、水产类养殖及其他用水量。

(3)生产用水规划。

①根据生产区不同作物种类、畜类、鱼类的需水特性来定灌溉用水量。

②现有水利设施常年储水能力与供水能力。

(4)供水方式规划。

①利用农场现有自来水供水管网增容解决。

②农场自建小型深井以补充自来水不足和以防不测。

③生产用水利用山塘、水库等储水设施供水。

(5)排水规划。

①生活污水无害化处理后排入场外界河,亦可直接作为农业生产灌溉用水。

②雨水通过集水系统汇入农场内山塘、水库、河沟,蓄作灌溉用水。

(6)供电规划。

①农场的生活、生产和经营用电通过增容解决。

②用电量估算:农场每年的常规民用电量常设人员按 50 千瓦时/(人·月)计,经营用电(旅游接待)按每人次 0.5 千瓦时计,农业及绿地养护每年用电量按每亩 100 千瓦时计,从而估算出农场近期 5~10 年、中期为 10~

20 年、长期为 20～50 年的年用电量。

③电力线布局依路(沟)立杆架线而建,建议农场内特别是休闲服务区、生活区和文体教育项目区采用地下电缆。

(十)通讯电信规划

1. 电话

家庭农场按照需要可在家庭生活区配备电话;综合性生产农场可在各生产区配备电话;休闲农场可在管理经营区、休闲服务区、家庭农场区及各生活区管理站,均安装程控电话。一般每个管理区、生产经营和生活单元配置一部电话,其中部分单位可搞内部小总机。

2. 电视

规划时把所在地区的有线电视电缆铺进农场。

3. 电脑网络

农场内进行规划每个有关管理、经营和生活单元均配备电脑,并连接互联网。

(十一)设施规划

1. 生产设施

农场特别是农业观光农场的生产设施主要包括种植大棚和温室建筑两种,生产设施是农场的重要部分,既是农民生产不可或缺的设施,又是游客观光、采摘等活动项目的主要区域。因此,在规划设计时,应结合农场的主题及性质,设置相应的形式及规模。生产设施规划要求如下。

(1)满足生产需要。生产设施规划既要满足农业生产需要,也要满足游客的游览需要,不可片面追求经济效益而忽略观赏价值。

（2）科技含量高。生产设施规划应利用高科技，结合现代技术材料，充分体现现代农业的特点和优势。

（3）因地制宜。生产设施规划应充分考虑农场环境和农业资源特点，因地制宜进行布局，避免对环境的干扰和破坏。

2. 服务设施

主要针对休闲观光农场等综合性农场而言，服务设施主要包括餐厅、别墅、宾馆、购物中心等，为游客的餐饮服务、住宿休息、商品购物、娱乐休闲等活动提供舒适的场所。在规划设计时，应依据农场的性质、功能、乡村资源、游客的规模与结构，以及地形、环境等自然条件，设置相应规模、形式的服务设施。服务设施规划要求如下：

（1）应据客源确定园区发展规模，避免过度建设造成浪费。

（2）应结合农场性质及主题，完善其功能，以满足游客的不同需求。

（3）必须布局合理，既要交通便捷，又要靠近景点，同时避开农业生产区，减少对农作物的干扰。

（4）在规划设计时，一定要与景观环境相融合，并且与农场整体风格相一致。

3. 小品设施

小品设施主要包括建筑小品和环境小品。在定位和造型上都有较高的要求，应该以分散、点景的方式进行建筑布局。小品设施规划主要包括以下两点原则。

（1）小品设施规划应尊重环境，结合景点布置。小品设施设置必须充分尊重地块的自然生态环境，使各类生物得以繁衍生息，从而保持并且提高观光园的环境品质。在建设时充分尊重环境容量，将对环境的影响与破坏降到最低限度。

（2）小品设施布局应因地制宜，凸显农场特色。合理布局小品设施，充分考虑地块的农业景观资源，以及周边的游憩项目内容，布置相应的小品设施。小品设施的风格及形式必须因地制宜、融入自然，同时突出农场的特色，成为农场内的微型景点。

四、规划工作流程

以"优势挖掘、战略定位、布局优化、资源整合"为指导，按照"组建团队→前期准备→现场调研→分析研究→形成初稿座谈讨论→征求意见→专家评审→修改定稿→跟踪评价"的一整套标准化规划工作流程进行规划设计。

（一）规划准备

1. 明确规划目标

规划单位要与委托方就规划设计的目的、意图进行充分交流，尽可能地明确委托方的初步想法。

2. 组建规划团队

规划是一个多方参与的系统工程，团队成员专业结构应结合规划内容灵活搭配，成员通常涉及农业产业（种植业、养殖业）、土地资源管理、农业经济管理、农村信息化、农业政策、城乡规划、农田水利、道路交通、景观设计等。一般来说，规划团队为3～5人。

3. 规划调研与资料分析

规划调研是获取规划区域现状的一个重要步骤，可分为室内资料收集和野外实地踏勘两个部分。原始资料包括气象资料、基地地形、地质水文资料、水电等管线资料。

规划调研应提前做好调研图件、调研表格、调研问题清单、需要对方提供的资料清单以及调研行程的安排工作。分析调研数据，采用SWOT分析法、AHP层次分析法等对规划区现状进行分析评价，找出规划区的优势条件、制约因素、外部机遇以及面临的挑战和威胁；采用灰色预测模型法、马尔科夫预测法、需求量预测法等方法对市场前景进行评价。

(二)规划设计

规划设计是整个规划工作的核心，主要包括总体设计、目标制定、项目设计等主要部分。

1. 总体设计

总体设计可按照产业设计、功能分区、分区设计逐步展开。产业设计是针对规划区域自然条件、农业产业的现状、市场以及发展趋势，选择适宜的主导产业、优势产业、特色产业，辅助产业、基础产业；功能分区对规划本身起到总体控制的作用，还需提出规划的总体布局方案，对单个的功能分区进行合理阐述与功能描述；在功能分区的大框架下，对单独的功能区(产业分区)进行详细的描述，阐述内容主要有：分区范围、规划面积、产业规模、推荐品种、重点项目等。

2. 目标制定

规划目标的制定，重点考虑产业的经济、社会、生态三大效益，可选择多目标规划、灰色模型预测、生态环境承载等方法，确定农场项目发展规模，目标应符合实际，并尽可能数量化。

3. 项目设计

项目设置和布局是家庭农场规划的主体内容，也是整个规划工作的落脚点。项目设计以农场所在区域的主导产业为基础，通过物质技术装备，加大开发力度。项目布局要充分考虑生产发展所需要的光温水热、土壤肥力、地形坡度、土地类型、当地的种养习惯及区位优势等，可借助CAD、Photoshop、地理信息系统软件（ArcGIS）等软件对项目进行空间布局与规划效果展示。项目开发规模根据市场容纳量、项目效益而定。

（三）规划优化

规划初步方案形成之后，委托方将请有关专家对规划进行评审，并提出修改意见。对规划方案进行修改，形成最终规划方案，经过政府部门审批后再实施。

（四）跟踪评价

规划完成后，在实施阶段还应对各个项目进行跟踪评价，进一步确认项目开发的可行性与客观需求的吻合度。特别是在农场发展过程中，随着社会经济、农业产业、农业科技的发展，根据实际情况对项目进行适度修正。

（五）规划文本

主要包括可行性认证报告，总体规划方案以及项目建设方案。可行性认证报告是在调查研究的基础上，结合农场示意图形成的规划文本，需要经过反复论证和分析，明确农场定位，农业产业项目设计（基础、市场、目标、内容、投资、效益等），这是第一步。在此基础上，规划团队制定出农场总体规划方案，一般包括规划提要，现状条件分析，规划指导思想、原则和目标，功能分区与布局，重点建设项目（主体），投资估算与效益分析，组织管理与保障措施等内容。农场建设方案主要包括功能分区布局，各功能区具体建设方案，包括图件以及具体施工方案与预算清单，具有很强的实际操作性，可以按图施工建设。

第四节　家庭农场装备建设

一、进行现代装备的意义

装备现代化是现代农业最本质的特征，也是建设家庭农场的必然要求。用现代物质条件装备农业，提高农业水利化、机械化水平，才能提高土地产出率、资源利用率和农业劳动生产率，提高农业整体素质、效益和竞争力。

1. 集约化是发展家庭农场的前提

由粗放经营向集约经营转变是农业生产发展的客观规律。土地规模经营模式主要采取以下 3 种：一是通过土地流转经营权实现土地规模式经营。二是通过建立股份制合作社实现土地规模化经营。三是大面积租赁实现土地规模化经营。

2. 水利化是发展家庭农场的基础

"水利是农业的命脉"、"有收无收在于水，多收少收在于肥"是对水与农业关系最简要、形象和真实的描述。

3. 机械化是发展家庭农场的根本

没有机械化就没有农场现代化。发展农业机械化是提高农业综合生产能力的关键环节，是农场实现规模化生产、集约化经营、标准化管理的根本保证。

二、现代装备的主要内容

1. 农用机械

家庭农场的农机主要包括播种机、耕田机、收割机、谷物烘干机、脱粒机、施肥机、机动喷雾机、农用排灌机械、水稻工厂化育秧设备、粮食加工机械、畜牧养殖机械、渔业机械、园艺机械等。

2. 设施农业

设施农业是指有一定的设施，能在局部范围内改造和创造最适动植物生长发育的环境条件而进行的高产、优质、高效生产的农业。设施的含义十分广阔，包括简易的地面覆盖、温室大棚、日光大棚、塑料大棚智能温室、植物工厂等。其中，塑料大棚和温室是目前最主要的设施类型。

3. 自动化控制设备

主要包括精确施肥、精量灌溉、精确播种、病虫防控预警、温室大棚自动化控制等设备。

4. 信息获取与发布

主要包括农场综合信息化服务平台、有线（无线）网络、农场网站等。

三、农场信息化管理平台

农场现代化离不开农场信息化，农场管理离不开信息技术的支撑。不论大型综合性农场、小型单一种养型家庭农场、休闲农场，还是现代农业科技示范园区，有必要建立信息化管理服务平台。

（一）农场信息化管理平台功能模块

建立农场信息化管理平台，加强服务与管理，实行生产信息的实时反馈等对监控生产运作流程、提高农业生产水平有着重要作用。可以通过购买来获取专业版的农场信息化管理平台系统，也可在信息化管理系统中，通过自主开发增加所需要的各个功能模块。以下几个功能模块是必要的。

1. 农业生产管理模块

农田档案管理、作物布局制定及统计、农产品经营管理、生产资料信息服务、成本发生与反馈、财务管理等功能，将农田电子档案集成于模块之中，登录人员可以根据单位、农田用途等进行明细查询及统计。

2. 成本发生与反馈模块

农场主或农场负责人将每天的农田作业情况及时输入到场部服务器的数据库中，包括作业项目、作业时间、所用生产资料、机械作业成本、生产资料成本、用工成本、水电费、低值易耗品成本等等。

3. 财务管理模块

农场经营过程中各种收支采用该系统记账，既有助于协助管理，又可以作为缴税的依据。财务管理模块可为管理提供生产操作评估和记录；注意正在建设中的问题和机会；解决问题和分析相关的可选择的行动方案。

4. 农业生产追溯系统

是该平台的潜在功能。全场各区域田块的生产管理信息都能详尽地录入数据库，长期保存，为今后建立农产品质量追溯体系、发放"产品身份证"打下了坚实的基础。

5. 农产品加工销售模块

主要包括游客购买的农场生产的鲜货农产品以及加工农产品的种类、质量、数量、价格、销售量等方面的信息。

6. 游客接待服务中心

包括餐饮、娱乐、休闲、养生、运动、体验、住宿、接待用车等方面的事务管理。

(二)建立农场网站及其作用

1. 网站作用

(1)宣传功能。能够全面、详细地介绍农场及农场产品。农场可以把任何想让人们知道的东西放入网址,如农场简介、生产基地、生产设施、产品的外观、功能及其使用方法等,都可以展示于网上。

(2)广告效应。在互联网时代,网站就像农场的名片,拥有一个优秀的网站可以帮助农场树立良好、可信的形象,提高知名度,吸引更多的客户订购或定制农产品。特别是休闲农场,可以产生更大的广告效应。

(3)电子商务。首先,可以拓展新的空间,增加销售渠道,接触更大的消费群体,获得更多的新顾客,扩大市场;其次,可以减少环节,减少人员,节约费用,降低成本,有利于提高营销效率。再次,可以在网站开展示会,开展网上订货,网上交易,还可以通过电子货币实现网上结算。

2. 农场网站

由专业人员或农场主、农场工作人员自行建立网站。网站建立一般需要经过8个基本步骤:

（1）确定网站主题。一个网站必须有一个明确的主题。农场网站要充分体现自己的特色，给用户留下深刻印象，提高网站吸引力和关注度。

（2）搜集材料。把农场的基本情况、生产基地、农产品、农场特色、生产设施等方面的内容，通过精心组织，以文字、图片、影视等形式，整理成为网站所需的基本素材。

（3）规划网站。规划内容包括网站结构、栏目设置、网站风格、颜色搭配、版面布局、文字图片、视频资料等，充分考虑周全，显示网站个性与特色。

（4）选择合适的制作工具。优秀的网站制作工具主要有Dream weaver 和 FrontPage；图片编辑工具有 Photoshop，Photo impact 等；动画制作工具有 Flash，Cool 3d，Gif Animator 等；网页特效工具，使之有声有色。

（5）制作网页。首先，先大后小，先把大的结构设计好，然后逐步完善小的结构设计；然后，先简单后复杂，先设计简单的内容，再设计复杂的内容。

（6）上传测试。网站制作后要发布在 Web 服务器上。上传工具很多，比如，有些网页制作工具本身带有 FTP 功能，可方便地把网站发布到自己申请的主页存放服务器上。上传后，要在浏览器中打开自己的网页，逐页逐个链接测试。

（7）推广宣传。提高网站的知名度与访问率，可以有很多推广方法。比如，到搜索引擎上注册、与别的网站交换链接或加入广告链等。

（8）维护更新。经常维护更新内容，才能不断吸引浏览者，更好地发挥网站的作用。

第五节　农业高新技术在家庭农场中的应用

我国农业正由"资源依存型"向"科技依存型"转变。高新技术向农业领域渗透，是改造传统农业、实现农业增长方式根本转变的重要途径。家庭农场是现代农业发展的表现形式，农场生产、管理、经营应以高新技术为依托，充分体现家庭农场的高科技、高品质、高效益三大特征，展示家庭农场发展的生命力、活力与激情。

一、农业高新技术的涵义、特征及主要内容

(一)技术和高新技术的定义

"技术"有两种定义：一是从产品或技能的角度，技术是指制造一种产品或提供一项服务的系统知识。这种知识可能是一项产品或工艺的发明、一项外形设计、一种实用新型、一种动植物新品种，也可能是一种设计、布局、维修和管理的专门技能。二是从知识应用过程，技术是通过研究与开发把科学知识应用到商品生产和服务之中。这个过程可以表示为：科学知识→研究开发→新产品新工艺→生产→销售。

高新技术主要指知识、技术和资金密集的新兴技术，既是知识经济时代的重要标志，也是经济增长的核心。与传统的技术相比，高新技术的显著特点：一是智力密集型和知识密集型；二是需要高额投资且伴随高风险和高收益；三是高新技术发展快、产品更新周期短，而且产业一般呈高速增长态势；四是学科带动性较强，多为交叉学科综合而成。

(二)农业技术和农业高新技术的含义

农业技术是人类为了满足自身不断增长的物质需要，根据农业生产实践和农业自然科学原理，通过改造和利用生物有机体(植物、动物、微生物)发展创造出来的各种工艺、操作方法和技能。农业技术有狭义和广义之分。狭义的农业技术就是指传统的技术观念，认为农业技术是农业生产经验、知识和操作方面的技巧。广义的农业技术包括农业生产技术、农业管理技术和农业服务技术。

农业高新技术是高新技术在农业领域的应用，它是农业高技术和农业新技术的总称。农业高技术是以农业科学最新成就为基础，处于当代农业科学前沿，建立在综合科学研究基础上形成的农业尖端技术，处于国际领先或先进水平。农业高新技术是在一定时空范围内初次创新、研制、开发的最新农业技术，在一定时间内和区域范围内处于领先或先进水平，包括农业全新技术、农业换代技术和农业改进技术等。农业高新技术不是一个静止的概念，而是一个动态的概念，既具有时间特性，昨天的高新技术可能被今天的高新技术所取代；同时具有空间特性，农业高新技术是在国际范围内相比较而言的高新技术。因此，农业高新技术具有相对性。

(三)农业高新技术的特点和内容

1. 农业高新技术的特点

农业高新技术既具有农业技术固有的一般特点，也具有高新技术与传统技术相结合产生的新特点。

(1)先进性。由于高新技术研究与发展注重不断创新，所以它本身是一种起点高、水平高的技术，加上其较快的发展速度，与农业生产结合后，就具有超前性的特点。并进一步成为农业技术发展的生长点和新兴产业的先导。

(2)渗透性。农业高新技术与农业常规技术的结合实质是双方在更大范围和更高层次上的技术嫁接，双方利用或借助对方的技术优势，互为依存和发展。这种渗透和共容产生了常规(传统)农业产业高新技术化。而高新技术产业化，是在新技术不断产生和发展的基础上，各类具有综合功能的群体技术进入生产所形成的农业生物工程、核技术农业应用、电子遥感技术农业应用、生物农药等产业。在这个意义上来说，高新技术产业化，反映的是高新技术向现实生产力转化的过程。

(3)复杂性。为提高农业生产的智能化、信息化与精确性，农业高新技术的孕育与产生不仅要求先进的研究方法和良好的实验手段，而且也需要多学科协同攻关，因此，相比传统技术更复杂。与之相适应，农业高新技术开发与转化需要有比传统技术更多的资金和技术，从而实现更高的生产效益和更优的产品质量。

(4)高增值与高风险性。由于农业高新技术具有资金需求量大与技术密集的特点，其研制、开发与产业化过程中必然要求更高的技术层次、人才素质和管理水平。因此，最终表现在产品中的物化劳动量和技术成分也就比较多，产品的增值就高。同时，由于高新技术研制多以探索未知超前研究为主，其成功率、可开发性以及市场前景难以把握，加之农业生产的脆弱性，故具有更大的风险性。发展农业高新技术，要有一定的经济实力和冒风险的创新精神。

2. 农业高新技术的内容。

农业高新技术包括：

(1)农业生物技术。指运用基因工程、发酵工程、细胞工程、酶工程以及分子育种等生物技术，改良动植物及微生物品种生产性状、培育动植物及微生物新品种、生产生物农药、兽药与疫药的新技术。比如利用胚胎生物技术建立良种肉牛繁育体系和生产体系。

(2)农业信息技术（包括各种专家系统、农业网络技术）。是指利用信息技术对农业生产、经营管理、战略决策过程中的自然、经济和社会信息进行采集、存储、传递、处理和分析，为农业研究者、生产者、经营者和管理者提供资料查询、技术咨询、辅助决策和自动调控等多项服务的技术总称。农业信息技术，特别是"3S"技术具有宏观、实时、低成本、快速、高精度获取信息的特征，高效数据管理及空间分析能力，广泛应用于农业生产与管理的各个环节。比如，我国红壤资源信息系统、土地利用现状调查和数据处理系统等。

(3)设施农业技术。是采用一定设施和工程技术手段，按照动植物生长发育要求，通过在局部范围改善或创造环境气象因素，为动植物生长发育提供良好的环境条件，从而在一定程度上摆脱对自然环境的依赖进行有效生产的农业，主要包括设施栽培，如蔬菜、花卉、瓜果类的设施栽培，主要设施有各类塑料大棚、各类温室、人工气候及配套设备；设施养殖，如畜禽、水产品和特种动物的设施养殖，主要设施有各类保温、遮阴棚舍和现代集约化饲养的畜禽舍及配套设施设备；设施林业，主要有林业育苗。

(4)节水栽培技术。是以最少水量达到增加农作物产量目标的栽培技术，其根本任务是在农作物增产、稳产的前提下，探求最充分地利用自然降水和土壤蓄水，减少灌溉用水量的栽培技术措施。包括滴灌、微灌和喷灌以及其他栽培措施。比如，水稻高产节水栽培技术中的生物节水，耐旱性强的高产优质新品种筛选及适应性评价；农艺节水，旱育壮秧、少免耕、覆膜栽培、种植制度优化、水肥耦合、化学节水等；稻田工程节水及管理节水，推行浅湿干交替节水定量灌溉、无水层湿润灌溉和南方双季稻"早蓄晚灌"节水栽培技术等。

（5）核农业技术。是核技术在农业上的应用，主要涉及辐射诱导育种，昆虫辐射不育，肥、农药、水等的示踪，辐射保鲜，农用核仪器仪表等内容。主要应用领域包括土壤和水分管理及植物营养；食品和环境保护；植物遗传育种；动物生产与健康；利用昆虫不育技术防治害虫。

（6）现代农机装备技术。是指农业耕、种、管、收全程农机装备技术；比如，种、肥、药精准排放技术及装备，幼苗机械化有序运移及精准栽植技术及装备，收获方式及物料脱粒、清选技术与装备，稻、油籽粒烘干机理及烘干工艺与装备等。

（7）农产品精加工、保鲜技术。农产品精深加工延长了农业产业链头，增加了农产品附加值，比如，小麦制成面粉是初加工，用面粉提取面筋是精加工；农产品保鲜技术包括果品蔬菜采后生理及调控技术、采后病理及控制技术、贮运保鲜新材料、贮运保鲜新设备等方面。

（8）精确农业技术。是利用全球定位系统（GPS）、地理信息系统（GIS）、连续数据采集传感器（CDS）、遥感（RS）、变率处理设备（VRT）和决策支持系统（DSS）等现代高新技术，获取农田小区作物产量和影响作物生长的环境因素（如土壤结构、地形、植物营养、含水量、病虫草害等）实际存在的空间及时间差异性信息，分析影响小区产量差异的原因，并采取技术上可行、经济上有效的调控措施，区别对待，按需实施定位调控的"处方农业"。比如，精确作业、精确施肥和精确估产。

(9)新能源、新材料技术。比如生物能源开发与利用技术、海洋能源、地热能等，以核能技术与太阳能技术为主要标志；新材料指新近发展或已在发展中具有比传统材料更为优异性能的一类材料，其特点是知识与技术密集度高；与新工艺和新技术关系密切；更新换代快；品种式样变化多。比如生物工程材料或生物医学材料，是生物体器官缺损、病变或衰竭的替代材料，也就是人类器官再造材料；纳米材料在环境保护、有害气体治理、污水处理等方面应用广泛。

(10)以生态农业为主的多色农业技术，包括绿色、蓝色与白色农业技术。绿色农业技术主要是指生态农业技术和可持续发展技术，也就是利用现代化科学技术知识，从调整和优化农业结构入手，充分利用资源，实现高效的物质能量循环和深层次的加工与转化，保持环境、生态与经济的协调发展。蓝色农业主要指水产品和水体农业。白色农业主要是指食用微生物产业、食用菌的生产和加工。由于其具有较高的营养价值、保健价值和商品价值，使其作为一类综合的技术群在农业高新技术领域中占有重要的位置。

二、国外农场高新技术应用举例

1. 机器人摘果

这种机器人带有电视摄像机，利用镜头上的滤色镜可提高对比度，以区别树叶、树干和果实，通过计算机对图像扫描，迅速确定"目标"，实现每2秒钟可摘一个橘子。

2. 灌溉智能化

在美国极为缺水的加州部分地区和西北地区、以色列的沙漠农业，采用了全电脑化灌溉系统，以农场气象站准确记下阳光湿度雨量、风速等有关数据，经计算机处理后，高架输水管道即可据情送水，定量灌溉，显著提高了水资源利用率。

3. 养鸡程控化

美国 FAPP 养鸡厂利用计算机控制温度、湿度，据情自动交换空气，以避免鸡瘟的产生。

4. 全自动挤奶器

当奶牛进入挤奶分隔栏后，红外线传感器即对奶牛的乳房进行刺激，然后挤奶器自动伸向奶头，20 秒即可完成挤奶。

5. 超声波动物膘层检测器

这种检测器可检测活动物，如羊、猪、牛体内的脂肪情况，了解瘦肉的生长程度，有助于对瘦肉型家畜培养。

6. 剪毛机器人

首先将某只绵羊的体形数据图存入机器人的计算机内，再用一架仿形器即可"引导"剪毛机器人准确地完成剪绵羊毛工作。

7. 水稻收割自动化

农场工人只需调整自动或半自动化联合收割机的速度和在田间末端控制转弯，其他工作均由计算机自动控制；无人收割机由电脑控制偏差，保证收割机准确无误地工作。

三、国内农场高新技术应用举例

1. 气控开闭大棚

大棚拱架跨度达数百米，高度可达至百米以上。大棚实施气压程控的配套设置，可进行远距离的程控作业。大棚的棚布、遮阳网开启与关闭自如，便于对棚内气温、湿度等需求状况进行合理地调节。

2. 秸秆还田机

可适于平原和丘陵地区作物秸秆粉碎后直接还田，增加土壤肥力。

3. 设施农业生理生态信息监测系统

实时采集室内温度、湿度、光照、土壤温度、CO_2浓度等环境参数，同时可以采集果实生长速度、茎(干)秆生长速度、叶面湿度等生物信息参数。可广泛用于设施农业、园艺、畜牧业等领域。

4. 高效精确自动灌溉施肥机

可在规定的时间内直接准确地按照用户的施肥要求按比例注入灌溉系统中，完成大量的多种肥料的配比施肥任务。

5. 作物胁迫状态与品质诊断

通过选取反映作物胁迫状况的光化学反射指数和氮素、叶绿素的氮反射指数相结合，进行作物胁迫状态和品质的定性、定量评价。

6. 温室精准施肥喷药机

科学合理使用化肥与农药，减少过量使用化肥和农药对环境造成的污染。

第三章　家庭农场的生产经营理念管理

第一节　家庭农场生产经营的品牌加工

一、农产品加工

国际上通常将农产品加工业划分为 5 类，即：食品、饮料和烟草加工；纺织，服装和皮革工业；木材和木材产品（包括家具制造）；纸张和纸产品加工；橡胶产品加工。我国在统计上与农产品加工业相关的有 12 个行业，即食品加工、食品制造业、饮料制造业、烟草加工业、纺织业、服装及其他纤维（包括麻类）制品制造业、皮革毛皮羽绒及其制品、木材加工及竹藤棕草制品业、家具制造业、造纸及纸制品业和印刷业和橡胶制品业。

发展农产品加工业也是一个涉及多部门、多行业而复杂的系统工程，除农业部门外，农产品加工业大多集中于食品、轻工、化工、纺织、医药等行业部门，产品繁杂。随着科学的发展和技术的进步，农产品加工业逐渐涉及和应用的技术属多学科、多专业、高新技术和综合技术。

农产品加工是指通过对农产品进行一定的工程技术处理，使其改变外观形态或内在属性、品质风味，从而达到延长保质期、提高产品品质和增加产品价值的过程。如速冻、脱水、腌制、分割、包装和配送等，拉长农产品营销时间、提高农产品附加值；农产品加工业是以农产物料为原料进行加工的一个产业或行业，在整个加工业中占有举足轻重的位置。

家庭农场的发展过程中，开始时一般都是从种植业和养殖业入手。这类农场大多数是初加工产品，附加值不高，而往往又受市场销售不畅的约束，容易产生同质化竞争。因此需要利用特色化经营和差异化战略，如此的家庭农场将有更多发展机会。在此过程中，家庭农场可以继续深加工，参与销售等经营环节，提高农业综合效益，不断延伸产业链获得更高的收益，发挥家庭农场的积极性。

在家庭农场的提升阶段，需要建立"农场品牌"。而要建立品牌价值，必须要对农产品品牌进行深加工。品牌农产品只有形成种养＋产供销，服务网络为一体的专业化生产经营系列，做到每一个环节的专业化与产业化相结合，经过精加工、深加工，变成最终产品，以商品品牌的形式进入市场，才能实现最大的市场价值。

家庭农场在成立初期，主要生产大宗农产品，即使有一些加工，大多属初（粗）加工技术相对较简单，设备单一，一般只是使农产品发生量的变化而不发生质的变化。如米、面、油的加工等，其加工链较短，增值效率较低，各种资源未能得到充分利用。而相对于初加工的精深加工，大多在一次加工的基础上进行二次或多次加工，主要是指对蛋白质资源、纤维资源、油脂资源、新营养资源及活性成分的提取和利用。投入的设备、技术、资金都较多，产值也随之有大的增值。

二、家庭农场农产品加工的方向

家庭农场进行农产品加工，可以从以下几个方面考虑。

第一，农产品由初加工向深加工发展，以成品或半成品的形式进入消费市场，减少原材料浪费，以多样化产品满足人们生活需要。

第二，重视农产品中营养成分的分离、重组、提纯技术，发展适于不同消费对象，不同层次的功能食品。如某些农产品经过深加工或掺入其他成分成为营养丰富的食品，也可经过提炼、浓缩等工艺成为专项营养食品。

第三，综合利用开发农副产品的非食用部分，提高食用价值。最大程度减少农副产品损失浪费，也为农场的高效、增产提供有效途径。

第四，制作成可直接烹调的食品。随着人们生活节奏的加快，生活水平的提高和经济收入增加，城市中的消费者无暇进行手工炊事劳动，要求食品、净菜规格化，如将农、渔、畜产品等加工成可直接烹调的速冻、冷藏食品。

第五，机械化、自动化、高效化。在加工、包装、干燥、贮藏中，可以采用新材料、新设备，从而提高劳动生产率与产品质量。同时推广应用物理、化学、生物工程等技术，加速生产过程科技化。

第二节　家庭农场经营结构的"三化"

一、家庭农场特色化

家庭农场的健康发展应该是共性与个性的结合，应在共性的前提下追求规范的管理，在个性的基础上打造鲜明的特色。在这种理念下，家庭农场的经营范围不应该局限于传统农业行业范畴，应该允许其在农产品加工、市场咨询、科技服务、观光农业等更广阔的领域拓展，促使我国的家庭农场的经营呈现"百花齐放，百家争鸣"的局面。如果能够体现出自身的特色并且能够经营成功，就可以认为是成功的家庭农场。

比如，有的家庭农场可以规模化生产高品质粮食等大宗农产品，那么就可以定位于粮食等生产型家庭农场。在城市周边的家庭农场可以与城市消费者或者团体开展"订单农业"，或建立周末农场、自助农场等方式的"农消对接"。可以借鉴日本协会中的"提携"系统，销售渠道不依赖传统市场，建立消费者与生产者直接对话与接触的分销系统，消费者与生产者建立合作伙伴关系。"提携"系统的方针主要有：在生态学原理的基础上发展自给自足农业；消费者在有机农业生产者生产过程中适当协助生产者，体验农业生产乐趣；简单包装以及节约挑选农产品的时间；自行分销，生产者和消费者之间的信息要对称；改变饮食习惯，摒弃反季节农产品，食用时令农产品；生产者与消费者直接协商，达成协议价格。具有山水特点、人文景观和乡土风情的家庭农场可以利用农业生产特有过程进行多业并举，可以用来开办"农家乐"，发展"休闲农业"等。

就拿北京密云周末农场而言，就非常具有中心城市周边农场的特色。这个农场是居住在城市的白领阶层来到农村租用农民的耕地，在田地里面种植自己喜欢的蔬菜，这些蔬菜平时主要由农夫照顾，白领阶层可以根据自己的时间安排去自己的田里浇水、施肥、收获成果。白领走进农场（White collar Walk into Garden，WWG）像是一种物物交换的关系，在季节之初城市农夫支付了一笔费用来支持一个本地的农民，来年可以获得免费的、健康的蔬菜。周末农场耕种模式为会员自种、农民代种、农民和会员一同维护蔬菜成长、会员收获果实的模式，农场本着以会员轻松劳动、快乐收获、享受成果的方针运营。周末农场为会员提供种子、种苗、水源、农具、技术服务、餐具、急救用品等，该特色农场获得很好的经营效果。

二、家庭农场多样化

以当前我国家庭农场的经营结构来看，大部分以传统的种植业为主，主要是种植谷物、水果、蔬菜等作物，有小部分开展粮食作物和果蔬类套种，还有少量的动物饲养与水产养殖。其实因为家庭农场的土地规模较大，而且经营权自主，完全有条件形成多样化、特色化和生态化的经营模式。

就城市近郊的家庭农场而言，可以发展成至少4种模式。

①休闲型果园，将有机水果的生产和观光、旅游、休闲于一体，生产者获得销售有机水果的经济收入以及发展有机水果旅游产业的经济回报，消费者获得了新鲜、安全的有机水果的同时也享受到了田园生活。

②生态科技观光农业园区，增加了游客对有机农业的高新技术以及高新农业设施的了解，增加游客的有机农业知识，提高游客对有机农业的认知。

③草原有机休闲养殖基地，使游客品尝纯野生养殖的美味，置身于纯自然风光之中。

④"有机农业＋农家寄宿"模式，综合利用生态模式，生产多样化有机农产品，发展农家寄宿，使游客完全体验农家生活。

三、家庭农场生态化

生态农业模式是一种在农业生产实践中形成的兼顾农业的经济效益、社会效益和生态效益，结构和功能优化了的农业生态系统。2002 年，农业部向全国征集到了 370 种生态农业模式或技术体系，通过专家反复研讨，遴选出经过一定实践运行检验、具有代表性的十大类型生态模式，并正式将这十大类型生态模式作为今后一个时期农业部的重点任务加以推广。这十大典型模式和配套技术如下。

①北方"四位一体"生态模式及配套技术；

②南方"猪—沼—果"生态模式及配套技术；

③平原农林牧复合生态模式及配套技术；

④草地生态恢复与持续利用生态模式及配套技术；

⑤生态种植模式及配套技术；

⑥生态畜牧业生产模式及配套技术；

⑦生态渔业模式及配套技术；

⑧丘陵山区小流域综合治理模式及配套技术；

⑨设施生态农业模式及配套技术；

⑩观光生态农业模式及配套技术。

家庭农场完全可以在农业生产中发挥综合效益，例如，可以利用自然中的生态循环理论开展农业生产，可以用谷物秸秆和农业生产废料来制造沼气，用来照明、取暖、供应燃气，利用牲畜粪便作为有机肥料，提高土壤肥力等。

第三节 重视家庭农场的核心价值

家庭农场从制度属性上较接近于农业企业。因为相对于普通农户，家庭农场更加注重农业标准化生产、经营和管理，重视农产品认证和品牌营销理念。在市场化条件下，为了降低风险和提高农产品的市场竞争力，家庭农场更注重搜集市场供求信息，采用新技术和新设备，提升生产高附加值农产品。

一、家庭农场的核心价值

这里所说的"核心价值"，主要指家庭农场在市场上的价值以及农业发展中的特殊地位。家庭农场的主要意义在于进行农业生产的主体大多是农民（或其他长期从事农业生产的人），因此，家庭农场承载着农业现代化进程的重任，并在其中扮演重要角色，同时也要保证在家庭农场中从事生产劳动的农民致富。

分散的小规模农户，在市场中因其常常没有长期经营的品牌和资产，更容易出现"机会主义"。比如，他们为了节约生产成本，增加农产品的产量，在生产过程中有可能使用一些剧毒高残留的农药和化肥，而导致食品安全问题；在农产品进行售卖的过程中，可能出现以次充好，包装时缺斤短两等诸如此类的情况，而且在与一些农业销售公司或者龙头企业签订合同时，有可能出现做出承诺，实际上却不好好履行合同；享受了合同公司的种子、化肥、农药供应等优惠措施以后，在签订协议后却并不尽心尽力地搞好栽培技术和田间管理。

二、建立农场核心价值的方式

(一)商品化、标准化生产

小规模农户的生产及经营规模小、专业化、商品化、标准化水平低，是典型的自给自足的生产经营组织，充其量也只是小商品生产者。其生产经营的目的主要是为了自给自足，而不是为了商品交换。可以说是适应于自然经济要求的个体生产者，很难适应现代市场经济的要求，更谈不上在市场经济条件下拥有市场竞争力。

家庭农场随着市场经济的发展而发展，因而是市场经济发展的产物并以市场经济体制为环境条件，以追求利润最大化为目标，同小规模农户生产经营的目的恰好相反，不是为了自给自足，而是为了商品出售。它不仅是名副其实的农产品生产者，更是名副其实的农产品经营者，属于适应于市场经济要求的现代企业组织范畴，尤其是大规模家庭农场，其现代企业特性更加明显。因此，家庭农场不但要扩大生产经营规模，而且要按照较高的专业化、规模化、标准化水平生产。

同时，在商品化生产的基础上，家庭农场要追求现代生产要素融入农场的经营。小规模农户基本上以家庭成员为劳动者，只使用短期的、少量的、偶尔的雇工，且大都没有诸如合同等的契约关系。其生产经营规模一般较小，对传统生产要素如劳动力、资金、土地使用上趋于凝固化。家庭农场在利润最大化的驱动下，对于新技术、新产品、新管理等外界信息反应比较敏感，会不断追求生产要素的优化配置和更新，并以现代机械设备、先进技术、现代经营管理方式等具有规模特性的现代生产要素引入为手段来

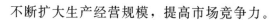

不断扩大生产经营规模，提高市场竞争力。

(二)找到各自农场的市场定位

每个家庭农场都有自己的特色，但并非所有的特色都可以成为农场的定位，进而成为利润的来源。

作为家庭农场主，必须决定在什么地方能够创造出差异点，并且这种差异点可以被消费者认识到并且愿意购买它。有的农场采取了传统的生产方式让城里人感觉"返璞归真"，回归真正的田园生活；有的农场采取了现代化的生产设施而让消费者感受到安全、标准化的"现代农业"；也有的农场定位在专一而大规模的农作物生产，用价格和质量征服市场；有的农场采取了多元生产结构用来"东方不亮西方亮"，规避农业风险。只要定位准确，并且有足量的消费者为其买单，这样的定位就是好的。也可以说，家庭农场主找到了农场真正的市场价值。

找到市场定位后，就要设计出一系列的措施，包括我们在第三篇经营篇中提到的产品策略、价格策略、渠道策略和促销策略去实现其定位。实施这些策略时，要注意尽力去迎合目标消费者的心理认知。消费者的心理活动是复杂而多变的，所以要仔细揣摩消费者的购买和使用心理，品牌管理，在某种程度上就是管理消费者的心理感受。比如，一家割草机公司声称，其产品"动力很大"，故意采取了一款噪声很大的发动机，原因是消费者总以为声音大的割草机动力强劲；一家拖拉机制造商给自己生产的拖拉机的底盘也涂上油漆，这并非必要，原因是消费者会认为这样说明厂商对质量要求精益求精；有的农场生产绿色产品，就采取了环保并可回收利用的包装材料，让消费者感受到农场所呈现出的环保理念是全方位的。

（三）家庭农场要进行品牌化经营

长期以来，我国农民普遍存在"重种植，轻市场"的思想，品牌意识不强。虽然有质量好、品种优的农副产品，但由于市场知名度和竞争力低，或是"养在深闺无人识"，或卖不出好价，或是"增产不增收"，导致经济效益不佳，也挫伤了农民的积极性。如今，随着家庭农场的建立，农场主们无疑要取得市场的认可，农产品市场的出路到底在哪里？质量当然是第一，但是，在同等质量的基础上，建立市场品牌是非常必要的。

俗话说："好酒也要勤吃喝"。只有建立了品牌，有了名称和标识，才能让消费者在万千产品中识别出来，从而制造精品农产品，增加农产品的附加价值及农民的收入。著名品牌策略大师艾·里斯说："实际上被灌输到顾客心目中的根本不是产品，而只是产品名称，它成了潜在顾客亲近产品的挂钩"。

在激烈的市场竞争中，任何产品都需要注重品牌效应，农副产品也不例外。农场注册了商标，并非意味着开始了品牌化经营。未来的营销是品牌的战争——品牌互争长短的竞争。拥有市场将会比拥有工厂更重要，拥有市场的唯一办法是占市场主导地位的品牌。但是，现在好多农产品的问题在于，农产品生产根本没有什么质量和技术要求，只注意蔬菜、水果等产品的新鲜度，很少去对品牌有特殊的注意。不少人认为，只有进入工厂经过生产工艺加工后的产品才是真正的"商品"，而在田间地头的产品就没有那么多的要求，如果谁买个豆角还要看品牌就会成为人们嘲笑或议论的话题。还有很多生产者对于如何提高产品品质根本无严格意义上的实质性举措。生产方式仍然沿袭以往的散户经营，化肥、农药的使用仍无标准可言，产品上市也没有什么包装。这类品牌且不说是否符合健康环保标准，单从外表就让人无法识别，只能凭商贩口里的大声吆喝，不要说走出国门赚取外汇，就是在国内，这类产品的市场前景也让人担忧。

第四节　建立家庭农场的农业文化

农业文化是在农业生产实践活动中所创造出来的、与农业有关的物质文化和精神文化的总和。中国几千年的农业文明，以及在此基础上形成的一整套农业文化体系，是中华文明史的重要组成部分。

一、农业文化的内涵

(一)农业习俗的存续

春种、夏锄、秋收、冬藏以及二十四节气不仅是岁月交替农业生产的节奏，而且是农耕文化的周期。在传统农业社会，乡村的土地制度、水利制度、集镇制度、祭祀制度，都是依据这一周期创立、并为民众自觉遵循的生活模式。民间素有"不懂二十四节气，白把种子种下地"的说法。北方农村的"打春阳气转，雨水沿河边"、"清明忙种麦，谷雨种大田"、"清明麻，谷雨花，立夏点豆种芝麻"等，就是"顺应天地"的形象表达。这些至今仍广为流传的农谚俗语、具有鲜明的地域特点和乡土本色的农业信仰和仪式、大家所熟知的春节、中秋节、端午节等民俗饮食也是农业民俗文化的重要内容。

(二)农业文化的实体呈现

我国的农业文化的实体内容十分丰富,既包括农作物品种、农业生产工具,也包括农业文学艺术作品、农业自然生态景观等一切与农业生产相关的物质实体文化。不少历史学家发现农具的改进是社会进步和生产力水平提高的标志。但是随着机械化、工业化和现代化进程,那些代表一个时代、一个地域农业发展最高水平的传统农具,正在被抽水机、除草剂、收割机、打谷机、挤奶机等取代。作为传统农耕生活方式的历史记录,水车、风车、舂臼、橘槔、石磨等工具几近"绝种"。

(三)农业哲学理念、价值体系、道德观念

传统中国是一个以农业生产为经济基础的乡土社会,也是熟人社会,人们聚族而居,生于斯、死于斯,彼此之间都很熟悉。从熟人社会中孕育出来的无讼、无为政治、长老统治、生育制度、亲属制度等思想,都体现了农业文化环境下人与人之间遵循的互动规则以及人与人之间和谐相处的风范。在这样的环境下孕育出诚实守信、尊老爱幼、长幼有序、守望相助、互帮互助和热爱家乡等优良传统。这些优秀的传统美德不仅对农民的生活和发展而言是重要的,而且也是全体社会成员幸福的必要条件;这些优秀的传统美德不仅在传统农业社会是必需的,在现代和谐社会的构建中也是不可缺少的;这些优秀的传统美德不仅是社会秩序稳定的基础,也是中华民族进步不竭的精神动力和源泉[1]。

---

① 孙白露,朱启臻. 农业文化的价值及继承和保护探讨. 农业现代化,2011(1)

二、建立农业文化的途径

(一)发展参与式农业

家庭农场可以把农业文化的保护传承与增加收入和改善生活联系在一起。家庭农场首先引导向农业的深度发展，这其中包括了提高产品质量，如发展有机农业，农产品的深加工，改变销售方式，形成特色品牌等；家庭农场可以向农业的广度发展，这个广度是充分利用社区的自然资源、农业资源、文化资源、扩展农业的服务领域，其中典型的发展途径就是利用地理、生物和文化的多样性来发展乡村旅游。

(二)发展社区农业

社区农业是近些年农业社会学者提出的一个农业发展和农业保护的新概念。社区农业是指依据农业与农村的多功能原理，充分利用社区资源形成的综合性农业。

家庭农场因为拥有当地农业资源，如果能够挖掘传统农业资源，如种质资源、传统农具、传统技术、乡土知识、生活场景等，通过对农业的生物多样性和文化多样性的挖掘，比如，在家庭农场中种植和收获中，民俗、节日庆典等文化形式体现乡土文化，就可以吸引周围社区消费者参与其中。农场还利用独特的资源、文化传统，发掘社区资源的价值，重新整合利用田园景观、农村风貌、自然生态环境；农业生产工具、农业劳动方式、农业技术、循环利用、乡土知识、农家生活、风俗习惯、民间信仰资源，如沿海地区的"渔村"、东北地区的"猎民村"、城市郊区的"豆腐村"，可以把向自然攫取食材、饮食与饮食文化、传统食品加工制作工艺、食品加工工具、当地民俗与生活方式等有机融合在一起。发挥农业文化的价值，并使其得到有效利用，使农业文化得以保护传承。

第五节　建立家庭农场的继承体系

农场主不是一般的农民能够胜任的，既要懂农业生产，还要懂经营管理。更为重要的是对农业文化有感情、有眷恋，愿意将家庭农场当成事业来做。当前我国农村许多地方都面临着"子不承父业"的问题，素质较好的农村劳动力纷纷流向非农产业或大城市，农业从业人员整体素质偏低。发展家庭农场，谁来当农场主？谁能当好这个农场主？有了第一代农场主以后，谁来继承和发展家庭农场这也是个大问题。

目前来看，有以下途径。

一是农场主、专业合作组织的带头人与主力成员、从事农业服务的技能人员的子女。因为耳闻目睹，这些孩子对农业经营有天然的感情，也有比较全面的农业生产知识，但是他们最缺少的是经营管理等方面的知识。

二是从城市中来，他们可以是从专业农校毕业，对农业有一定的兴趣与了解。农业院校的大中专毕业生回到农村去，特别是从农村走出来的大中专毕业生。对他们来讲，更需要的是农业生产力方面的实际经验。只要从事家庭农场有比较好的收入预期，能够把做家庭农场主当做职业选择，2012 年，全国家庭农场经营总收入为 1 620 亿元，平均每个家庭农场为 18.47 万元。作为家庭农场经营者的农户应当具有体面的、合理的收入来保证一定的生活水平，这

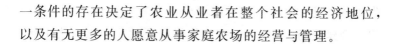

一条件的存在决定了农业从业者在整个社会的经济地位，以及有无更多的人愿意从事家庭农场的经营与管理。

第六节 家庭农场的经营模式

新型农业经营主体是我国构建集约化、专业化、组织化、社会化相结合的新型农业经营体系的核心载体。现阶段，我国新型经营主体主要包括专业大户、家庭农场、农民专业合作社、农业企业等。在我国新型农业经营体系中，各类经营主体具有怎样的地位，扮演什么角色，发挥什么功能等相关研究尚不深入。如何协调各主体之间的关系，也就成为一个挑战。

我们认为，家庭农场作为专业大户的"升级版"，主要面临着与农民专业合作社和农业企业的关系处理问题。

一、家庭农场＋农业企业

农业龙头企业在家庭农场发展过程中可能发挥的作用是，作为公司可以应对高昂的信息成本、技术风险，降低专用性资产投资不足，提高合作剩余。龙头企业可以和家庭农场或者合作社，来进行合作经营，或者是"企业＋订单农业"方式，成为农业经营方式上的创新。事实上，由于家庭农场的规模性以及对产品质量和品牌的关系，龙头企业都希望与家庭农场进行合作。

在中国乳制品行业中，随着规模化进程的加快，家庭农场养殖（以家庭农场为单位，进行分户、分散养殖的方式）逐渐退出。伊利集团、蒙牛集团为了提高原奶质量纷纷在基地内建设规模化的牧场。2007—2012年间，伊利集团先后投入近 90 亿元用于奶源升级和牧场建设，在全国自建、合建牧场 1 415个。伊利集团奶源供应中来自集中化、规模化养殖奶牛的比例达到90％以上。而蒙牛集团一直通过投资建设现代化牧场及设备、参股大型牧场提升奶源整体水平及质量控制。截至目前，蒙牛集团的规模化、集约化奶源约为93％，2015 年之前将实现100％奶源规模化、集约化。在规模化的进程中，主要采取"企业＋家庭牧场"与从事专业原奶生产的家庭牧场进行对接。对接的家庭牧场主要有两种来源：其一，农牧民通过自身发展升级成家庭牧场，部分牧民凭借着辛勤劳动和奉献精神，将土地的自然条件与市场机制很好地结合起来，通过亲缘、乡缘、血缘等联系，专注于奶业的生产经营，成为家庭牧场。像内蒙古和林格尔古力半忽洞村的常彦凤牧场；还有农业专业大户转化成家庭牧场，像内蒙古调研的土左旗察素齐镇的雪原牧场等。其二，农民专业合作组织成员分化出的家庭农场，合作组织中的部分成员，包括"大农"和具有一定规模的"小农"分化成独立家庭农场。

广东温氏食品集团有限公司也采取了"公司＋农户"模式，以外部组织的规模收益相对有效地克服了小农经营规模不经济的弊端。并开始采取"公司＋家庭农场"生产经营模式化解了"公司＋农户"下的利益分配难题，实现了龙头企业与农户间更紧密的联结机制，创新了现代农业经营方式。

二、家庭农场＋合作社

目前，农民组织化程度低的重要原因在于分散的小农户缺乏组织起来的驱动力，培育家庭农场为农民的组织化提供了基础。家庭农场具有较大规模，刺激农户合作的需求。合作社是实现农民利益的有效组织形式，2007年我国颁布了《中华人民共和国农民专业合作社法》，但是，并没有显著激发农民的合作行为，其中小规模的生产方式是限制农民合作需求的主要原因之一，因为小规模的农户经营加入合作社与否，并不能带来明显的利益。家庭农场则不同，加入合作社与否对其利益的获得具有显著影响，合作的需求就会被激发出来。

家庭农场与小农户生产的区别不仅表现在经营规模上，而且表现在现代化的合作经营方式上。家庭农场是农民合作的基础和条件。家庭农场为集约化经营创造了条件，家庭农场的专业化经营通过合作社的经营得以实现。就从农产品的市场营销而言，一个家庭农场打一个品牌是很困难的，这就需要农场之间的联合，需要形成具有组织化特征的新型农产品经营主体，需要合作社去把家庭串起来。组织化和合作社主要解决小生产和大市场的矛盾，当然也解决标准化生产、食品安全和适度规模化的问题，各类家庭农场在合理分工的前提下，相互之间配合，获得各自领域的效益，这样它就可以和市场对接，形成一种气候和特色。

为促进家庭农场的可持续发展，家庭农场主之间存在合作与联合的动力，家庭农场也可以不断和其他生产经营主体融合。比如，形成"家庭农场＋合作社"、"家庭农场＋家庭农场协会"和"家庭农场＋家庭农场主联社"的形式，以推进农资联购、专用农业机械的调剂、农产品培育、销售及融资等服务的开展。

比如，山东省就出台了"家庭农场办理工商登记后，可

以成为农民专业合作社的单位成员或公司的股东"，以及
"农村家庭成员超过 5 人，可以以自然人身份登记为家庭农
场专业合作社"等相关规定。

三、家庭农场＋合作社＋龙头企业模式

"家庭农场＋合作社＋龙头企业"模式也是适宜家庭农
场发展一种较好的模式选择，它能够把龙头企业的市场优
势及专业合作社的组织优势有效结合起来，可以兼顾农户
及龙头企业双方的利益，同时借助专业合作社的组织优势，
提升家庭农场在市场中的地位。目前，这种模式普遍存在，
在专业合作社较弱、缺乏加工能力的条件下，可以选用这
样模式，将家庭农场有效组织起来，构建产加销一体化的
产业组织体系，实现多赢的效果。

四川新希望集团就在进行类似的组织创新，他们扩展
"公司＋合作组织＋农场主＋农户"模式，变成了"农业服务
员"，一是为农业组织服务，帮助家庭农场发展，并组建更
多的农业合作社；二是努力成为提供技术、金融、加工生
产和市场等各种农业服务的综合服务商。

第七节　注重家庭农场的环境保护　保持可持续性经营

一、农业环境污染

农业环境污染是指由于现代工农业生产的发展，大量
的工业废弃物和农用化学物质进入到农田、空气和水体中，
其含量超过农业环境本身的自净能力，导致农业环境质量
下降的问题。而农场环境污染是农业环境污染的组成部分

之一，农场的环境污染打破了农场自身的小生态平衡，使得农作物产量、质量下降或者受到有害物质的污染，人和牲畜食用后影响健康。

产生农场环境问题的主要因素有工业污染，包括工业废气、工业废水、工业固体废弃物造成的污染，这些污染渗入空气和土壤，影响农作物的产量与质量。

还有农业污染，主要包括对不科学和过量的施用化肥造成的污染、农用薄膜造成的"白色污染"，还有秸秆燃烧造成的污染，以及农村生活对家庭农场的危害。

二、建立家庭农场的环境保护体系

在家庭农场的发展过程中建立环境保护体系，实现循环、可持续发展显得尤为重要。实现农场循环发展通常从"3R"原则即减量化、再循环、再利用三方面进行。

（一）生产过程控制及再循环原则

农业的再循环是指从农业整体角度建立农业与相关产业之间物质循环的产业系统，使农业系统与生态工业系统相互交织，资源多级循环利用来减少废弃物排放。下面举例说明再循环在桑树、甘蔗等农作物循环体系的应用。

在太阳的照射下，桑树通过光合作用和呼吸作用，吸收自身所需要的营养和水分供其生长发育。桑树的再循环原则应用是间接的，桑树产生的桑叶被蚕食用生产出蚕丝，同时产生的蚕的排泄物作为鱼塘的养分被循环利用。这一环节是桑树实现再循环原则的主要组成部分。甘蔗和桑树一样经过自身的光合作用和呼吸作用生长，糖厂利用成熟的甘蔗制成食用的散装糖；而剩下的甘蔗渣可以作为食物被猪食用；猪的排泄物同样成为鱼塘的养分。

家庭农场尝试再循环方式进行生产，技术是实现再循环原则目标的基础之一，再循环原则只有在技术的作用下才能发挥其作用。新的技术还可以为家庭农场带来新的经济效益。

(二)源头控制减量化

源头控制减量化原则是农场循环经济的重要组成之一，是实现农场循环经济的第一步和基础，是再循环和再利用的先决条件，只有实现了减量化原则，再循环和再利用才有意义。循环农业的减量化原则是指在保证社会经济系统物质需求的情况下，减少对自然资源的索取，减少农业投入成本，从而减少人类经济活动对自然生态系统的压力，提高农业生产效率。

落实减量化的措施，首先，加强对减量化的宣传力度，增强农场农户对减量化的生产意识。家庭农场要率先树立生态环境意识，同时增强对化肥过量化的危害认识，提高减量化的实施意愿。比如，可以与当地农业部门合作，加大对测土配方的培训规模，强化减量化施肥的推广力度。下面举例说明减量化原则在农场养猪产业中的应用。

养猪主要产生两大污染，一是养猪产生的污水，二是生猪的排泄物。产生的污水进入沼气池与其他物质一起进行发酵，形成的沼气用于生产和生活；剩余的沼渣一部分用于水产养殖，另一部分进入有机肥加工车间，作为有机肥的原料之一；而沼液也作为有机肥，用于农作物的生产。生猪的排泄物被运到有机肥加工车间，进行有机肥的生产，生产的有机肥同样用于农产品的生长发育。这一减量化过程，不仅减少了养猪行业产生的污染物的量，实现了减量化原则，同时通过一个小型的循环体系实现了再循环和再利用的原则。

家庭农场通过减量化措施，可以减少过量施肥导致的环境污染，也可以降低对人体的危害，还可以降低资源和化肥的使用量成本，在产量不变的情况下，提高经济效益。

（三）农场废弃物的再利用

实现农场废弃物再利用原则是实现循环经济的最后步骤，废弃物的再次利用不仅可以减少废弃物对农场的环境污染和影响，还可以再次实现资源的多级利用。农场废弃物在其他的工艺流程中作为资源被利用，可以减少对资源的使用，降低生产成本，提高经济效益。

比如，秸秆废弃物的再利用原则，是将农业生产过程中的副产品——农作物秸秆，通过加工处理变为有用的资源加以利用，实现农作物秸秆资源化（肥料化、饲料化、原料化、能源化）。

再利用原则在农业的重要运用的具体体现是"白色农业"。"白色农业"目前在农村运用最典型的就是沼气，人与畜禽粪便和农业废弃物通过微生物发酵产生沼气，为农民的生产和生活提供清洁能源，化害为利，变废为宝。

第八节　发展家庭农场的支撑体系

一、家庭农场发展需要社会化服务体系

家庭农场同其他新兴经营主体一样，是我国发展现代农业的重要力量。在现代经济发展过程中，作为市场竞争的主体，并非可以"一枝独秀"，正像一株树苗，只有在草灌林结合的生态系统里面，才能生机蓬勃。家庭农场主不

可能成为"多面手"，这就要求家庭农场经营中的部分事务要通过市场与社会完成。

因此可以说我国的家庭农场，绝不是孤军奋战，也不是包打天下，更不是包罗万象。

所谓不孤军奋战，就是家庭农场的生产经营需要国家几大支持体系来保障，主要包括政策法律体系、科技创新与服务体系、金融支持体系、信息应用体系等，为家庭农场的生产经营活动提供稳定的政策环境、强大的科技支撑、有效的金融支持和丰富的市场信息。

所谓不包打天下，是家庭农场不可能也没有精力去将产业的产前、产中、产后系列环节全程包揽，其重点就是产中环节。产前、产后需要健全的社会化服务体系来支持，即使产中也需要社会化服务体系来配合。比如产前的农资供应、市场信息服务，产后的贮藏、加工、销售，产中的农业机械协作、技术指导等。

所谓不包罗万象，是指家庭农场的主业要突出，不可能什么产业都涉及，再去重复小而全的传统家庭经营。而是需要专业化地从事某一两类产业的生产经营，在专业的规模化生产中取得应有的效率和效益。要实现这一专业化生产，必须有相应的专业合作社或行业协会来提供市场信息、技术指导、产品销售等方面的支持。

二、社会化服务的层面

(一)政策支持和指导服务

家庭农场的政策支持一般是由各级政府农业主管部门制定实施的，并协调其他部门参与。具体支持政策的实施、解释及指导都由政府农办、农业局等农业主管部门负责，包括相关政策实施情况的调研、实施效果的评估等。政府部门印发家庭农场的认定条件及相关政策资料，并对家庭农场进行相关指导。未来政府部门对家庭农场的服务会以制定政策、咨询及指导服务、政策实施的跟踪及有效评估作为努力的方向。

（二）农地流转服务

为家庭农场服务的农地流转中介组织，是政府农业部门所属的事业型组织，其工作人员很多都是从政府部门抽调的。一些地区建立了县乡村三级农地流转服务组织，一些地区还建立了农地流转市场，相当多的家庭农场是与村组织签订流转协议，农户委托村级组织流转农地。在相当多的地区，农地流转的仲裁机构就设在农办（农业局）。因此，农地流转服务涉及政府农业部门、各级农地流转中介组织。

（三）技术及信息服务

家庭农场的技术及信息服务是由多个组织提供的。从实际调查情况看，家庭农场需要种子、种苗、种畜禽公司技术支持、机械设备支持；农药、兽药、化肥、饲料的技术。现在这些技术服务以政府农技部门为主，专业合作社、龙头企业也参与了技术及信息服务。政府农技部门，作为公益性事业机构，在技术及信息服务方面扮演着重要的角色。专业合作社成为家庭农场技术及信息服务的重要力量，一些有实力的专业合作社不但为家庭农场提供技术推广及信息服务，还引进先进技术，开发优良品种。龙头企业在为家庭农场提供技术及信息服务方面，具有一定的优势条件，应完善利益联结机制，强化龙头企业为家庭农场提供技术及信息服务的功能。

(四)信贷服务

由于农场主大多数资金实力不强，而其土地和房屋等财产又无法用作抵押，制约了他们从金融机构，主要是信用社获取信贷资金的能力，难以投资资金密集型产业，特别是发展设施农业。一些地区政府部门组建农户小额信用担保有限公司，免费为现代家庭农场发展提供贷款担保，在一定程度上缓解了家庭农场的资金难题。

(五)农资服务

为家庭农场提供农资服务的组织较多，以农业局所属的农科站、农资企业及农民专业合作社为主，同时也涉及农业龙头企业及供销合作社，可以说农资供应组织多元化。从发达国家和地区的经验看，农民专业合作社具有为家庭农场提供农资的独特条件，可以作为未来的主渠道。同时，龙头企业在为家庭农场提供农资服务方面，具有独特的优势，可以根据产品质量的需要为家庭农场提供优质的农资服务，应作为家庭农场农资服务的重要补充。

(六)产品销售服务

家庭农场产品销售服务组织包括专业合作社、龙头企业、经纪人、超市、政府相关部门等，多个组织或部门合作共同完成家庭农场产品销售服务的任务。家庭农场的产品销售，一种是市场直销，即纯粹面向市场，由家庭农场在市场自由销售；一种则是由农民专业合作社、超市(或龙头企业)与家庭农场签订收购协议，以订单形式提供产品销售服务。家庭农场可通过订单农业，与超市、合作社、龙头企业、农村经纪人等建立了稳定的产销关系，产生多赢的效果。同时，政府相关部门也应该提供家庭农场的产品销售服务。由政府部门举办各类展销会及网上销售服务平台，组织合作社、龙头企业、大型家庭农场参与农产品经销。

第四章　家庭农场市场营销管理

在新的形势下，一些地区和家庭农场越来越重视农产品营销，利用现代化的农产品营销手段，取得了良好的经济效益和社会效益。

第一节　农产品市场与家庭农场市场竞争

一、农产品市场概述

（一）市场的含义

市场的定义有狭义和广义之分。狭义的市场指商品交换的场所；广义的市场，是指各种交换关系的总和。

（二）市场营销的含义

美国著名营销学家菲利普·科特勒（1997）认为：市场营销是个人和群体通过创造并同他人交换产品和价值，以满足需求和欲望的一种社会过程和管理过程。

（三）农产品市场的含义

农产品市场可以从广义和狭义两个角度进行定义。狭义的农产品市场是指进行农产品所有权交换的具体场所；广义的农产品市场是指农产品流通领域交换关系的总和。

（四）农产品营销的含义

关于农产品营销，可以这样定义，"农产品营销是指将农产品销售给第一个经营者的营销过程"，"第一个经营者到最终消费者的运销经营过程"。

（五）农产品的特征

家庭农场营销管理的特征取决于农产品的特征。

1. 商品特性

农产品的商品特征主要体现在易腐性、易变性。农产品很容易腐烂变质，不易储存，大大缩短了农产品的货架期。

2. 供给特征

农产品供给具有较大的波动性，其原因是：

（1）农产品生产受自然条件影响大，生产的季节性，年度差异性和地区性十分明显。丰年农产品增产，供给量增加会导致市场价格下降；反之，歉收年会出现供给量不足，引起市场价格上升。

（2）农产品生产周期较长，不能随时根据需求的变化来调整供给量，事后调整又容易导致激烈的价格波动。

3. 消费特性

农产品大多数直接满足人类的基本生活需要，其消费需求具有普遍性、大量性和连续性等特点，需求弹性一般较小。

（六）农产品营销的特征

1. 营销产品的生物性、自然性

农产品的含水量高，保鲜期短，易腐败变质。农产品一旦失去鲜活性，价值就会大打折扣。

2. 农产品供给季节性强

绝大多数农产品的供给带有明显的季节性，但需求却往往是常年性的，因此，农产品市场供求的季节性矛盾比较突出，收获季节往往滥市，非收获季节却十分畅销。因此，要求企业做好生产技术和贮藏技术的创新，调节季节供求矛盾。

3. 消费者数量众多、市场需求比较稳定、连续购买

第一，每个人都必须消费农产品，特别是像我们这样的人口大国，每天消费的农产品数量是相当惊人的。因此，从总体上讲，农产品具有非常广阔的市场；第二，相当一部分农产品是满足人们的基本生活需要的，因此，这部分市场需求是比较稳定，经营这类农产品市场风险相对较少，收益也相对稳定；第三，农产品大多属于非耐用商品，贮存比较困难，消费者对农产品的新鲜度要求较高，因而农产品的购买频率比较高。

4. 政府宏观政策调控的特殊性

农业是国民经济的基础，农产品关系到人民生存、社会稳定和国家安全。农产品生产具有分散性，竞争力比较弱，政府需要采取特殊政策来扶持农产品的生产和经营。

二、家庭农场市场竞争特点

随着社会经济的发展，家庭农场逐渐向适度规模经营转变，出现了众多的农业龙头企业，消费者对农产品的需求也在不断地变化，农产品市场出现了不完全竞争的结构特征。

（一）家庭农场适度规模经营逐渐开展

由于现代科学技术的广泛应用，家庭农场需要投入的资金、技术、管理等要素在数量和质量上都比以往有了更高的要求，生产规模较小、无规模效益的企业因实力不足很难满足这些要求，农产品生产逐渐向农业龙头企业集中。

（二）农产品的差异性越来越明显

随着人们生活水平的提高，消费者对农产品的需求呈现出多样化、个性化的特征，同质的农产品已经不能有效地满足消费者的不同需求，这使得家庭农场必须采用新技术、开发新产品以及利用各种营销策略来形成产品差异，从而提高产品的市场占有率。

（三）市场进入门槛逐渐提高

农业生产技术的提高和生产规模的扩大使得新进入者需要投入更多资金、技术以及其他资源，增加了进入的难度。

（四）农产品市场信息不完全

家庭农场对农产品市场信息的了解存在一定的局限性，影响了生产经营决策的科学性和准确性。

第二节　家庭农场营销环境

家庭农场处在一定的环境中，其生产经营活动会受到外部环境的限制。环境是家庭农场赖以生存的基础，同时也是家庭农场制定营销策略的依据。菲利普·科特勒认为营销环境由微观营销环境和宏观营销环境构成。其中，微观环境由与企业联系紧密，影响其服务目标顾客能力的单位组成。

一、家庭农场宏观营销环境

宏观营销环境由影响企业相关微观环境的大型社会因素构成，包括政治法律环境、经济环境、人口环境、生态环境、社会文化环境、科学技术环境等。

(一)政治法律环境

政治法律环境包括政治环境和法律环境，是影响家庭农场营销的重要宏观环境因素。政治环境引导着企业营销活动的方向，法律环境则是企业规定经营活动的行为准则。政治与法律相互联系，共同对企业的市场营销活动产生影响和发挥作用。

政治环境是指企业市场营销活动的外部政治形势。一个国家的政局稳定与否，会给企业营销活动带来重大的影响。政治环境对家庭农场营销活动的影响主要表现为国家政府所制定的方针政策，如人口政策、能源政策、物价政策、财政政策、货币政策等，都会对农场营销活动带来影响。

法律环境是指国家或地方政府所颁布的各项法规、法令和条例等，它是家庭农场营销活动的准则。家庭农场的营销管理者必须熟知有关的法律条文，才能保证企业经营的合法性，运用法律武器来保护企业与消费者的合法权益。近年来，为适应经济发展的需要，我国陆续制定和颁布了一系列法律法规，例如，《中华人民共和国产品质量法》《企业法》《经济合同法》《涉外经济合同法》《商标法》《专利法》《广告法》《食品卫生法》《环境保护法》《反不正当竞争法》《消费者权益保护法》《进出口商品检验条例》《农村土地承包法》

等等。

(二)经济环境

经济环境包括收入因素、消费支出、产业结构、经济增长率、货币供应量、银行利率、政府支出等因素，其中，收入因素、消费结构对企业营销活动影响较大。

1. 收入因素分析

收入因素是构成市场的重要因素，甚至是更为重要的因素。因为市场规模的大小，归根结底取决于消费者的购买力大小，而消费者的购买力取决于他们收入的多少。企业必须从市场营销的角度来研究消费者收入，通常从以下几个方面进行分析。

(1)国民生产总值。它是衡量一个国家经济实力与购买力的重要指标。国民生产总值增长越快，对商品的需求和购买力就越大，反之，就越小。

(2)人均国民收入。是用国民收入总量除以总人口的比值。这个指标大体反映了一个国家人民生活水平的高低，也在一定程度上决定商品需求的构成。一般来说，人均收入增长，对商品的需求和购买力就大，反之就小。

(3)个人可支配收入。指在个人收入中扣除消费者个人缴纳的各种税款和交给政府的非商业性开支后剩余的部分，可用于消费或储蓄的那部分个人收入，它构成实际购买力。个人可支配收入是影响消费者购买生活必需品的决定性因素。

(4)个人可任意支配收入。指在个人可支配收入中减去消费者用于购买生活必需品的费用支出(如房租、水电、食物、衣着等项开支)后剩余的部分。这部分收入是消费需求变化中最活跃的因素，也是企业开展营销活动时所要考虑的主要对象。

(5)家庭收入。家庭收入的高低会影响很多产品的市场需求。一般来讲，家庭收入高，对消费品需求大，购买力也大；反之，需求小，购买力也小。

2. 消费结构

随着消费者收入的变化，消费者支出会发生相应变化，继而使一个国家或地区的消费结构也会发生变化。德国统计学家恩斯特·恩格尔于 1857 年发现了消费者收入变化与支出模式，即消费结构变化之间的规律性。恩格尔所揭示的这种消费结构的变化通常用恩格尔系数来表示，即：

恩格尔系数＝食品支出金额/家庭消费支出总金额

恩格尔系数越小，食品支出所占比重越小，表明生活富裕，生活质量高；恩格尔系数越大，食品支出所占比重越高，表明生活贫困，生活质量低。

恩格尔系数是衡量一个国家、地区、城市、家庭生活水平高低的重要参数。企业从恩格尔系数可以了解目前市场的消费水平，也可以推知今后消费变化的趋势及对企业营销活动的影响。

3. 储蓄状况分析

消费者的储蓄行为直接制约着市场消费量购买的大小。当收入一定时，如果储蓄增多，现实购买量就减少；反之，如果用于储蓄的收入减少，现实购买量就增加。居民储蓄倾向是受到利率、物价等因素变化所致。人们储蓄目的也是不同的，有的是为了养老，有的是为未来的购买而积累，当然储蓄的最终目的主要也是为了消费。家庭农场应关注居民储蓄的增减变化，了解居民储蓄的不同动机，制定相应的营销策略，获取更多的商机。

（三）人口环境

人口是市场的第一要素。人口数量直接决定市场规模和潜在容量，人口的性别、年龄、民族、婚姻状况、职业、居住分布等也对市场格局产生着深刻影响，从而影响着家庭农场的营销活动。

1. 人口总量

人口总量是决定市场规模的一个基本要素。如果收入水平不变，人口越多，对食物、衣着、日用品的需要量也越多，市场也就越大。

2. 人口结构

（1）年龄结构。不同年龄的消费者对商品和服务的需求是不一样的。不同年龄结构就形成了具有年龄特色的市场。企业了解不同年龄结构所具有的需求特点，就可以决定企业产品的投向，寻找目标市场。

（2）性别结构。性别差异会给人们的消费需求带来显著的差别，反映到市场上就会出现男性用品市场和女性用品市场。家庭农场可以针对不同性别的不同需求，生产适销对路的产品，制定有效的营销策略，开发更大的市场。

（3）教育与职业结构。人口的教育程度与职业不同，对市场需求表现出不同的倾向。

（4）家庭结构。家庭是商品购买和消费的基本单位。一个国家或地区的家庭单位的多少以及家庭平均人员的多少，可以直接影响到某些消费品的需求数量。同时，不同类型的家庭往往有不同的消费需求。

(5)民族结构。我国是一个多民族的国家。民族不同，其文化传统、生活习性也不相同。具体表现为在饮食、居住、服饰、礼仪等方面的消费需求都有自己的风俗习惯。家庭农场营销要重视民族市场的特点，开发适合民族特性、受其欢迎的商品。

3. 人口分布

人口有地理分布上的区别，人口在不同地区密集程度是不同的。各地人口的密度不同，则市场大小不同，消费需求特性不同。

(四)生态自然环境

家庭农场需要大量初级农产品，其成长离不开土地、水源、能源等自然资源，因此，受到生态自然环境的限制；同时，家庭农场的经营活动也会对自然生态环境产生影响。从20世纪60年代起，世界各国开始关注经济发展对自然环境的影响，成立了许多环境保护组织，促使国家政府加强环境保护的立法。这些问题都是对家庭农场营销的挑战。

1. 自然资源限制

家庭农场的生产需要土地、水源，这些资源是有限的，自然资源短缺，使许多企业将面临原材料价格大涨、生产成本大幅度上升的威胁。

2. 环境污染日趋严重

工业化、城镇化的发展对自然环境造成了很大的影响，尤其是农业环境污染问题日趋严重，农业环境污染已经严重影响到农业可持续发展和人们的身体健康。环境污染问题已引起各国政府和公众的密切关注，这也为家庭农场提供了新的营销机会，促使家庭农场兴建绿色工程，生产绿

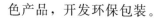

色产品，开发环保包装。

（五）社会文化环境

社会文化环境是指企业所处的社会结构、社会风俗和习惯、信仰和价值观念、行为规范、生活方式、文化传统、人口规模与地理分布等因素的形成和变动。社会文化是某一特定人类社会在其长期发展历史过程中形成的，它影响和制约着人们的消费观念、需求欲望及特点、购买行为和生活方式，对企业营销行为产生直接影响。

1. 宗教信仰

宗教是构成社会文化的重要因素，宗教对人们消费需求和购买行为的影响很大。不同的宗教有自己独特的对节日礼仪、商品使用的要求和禁忌。为此，家庭农场的营销活动也要注意到不同的宗教信仰，以避免由于矛盾和冲突给企业营销带来损失。

2. 价值观念

价值观念是指人们对社会生活中各种事物的态度和看法。不同文化背景下，人们的价值观念往往有着很大的差异。家庭农场营销必须根据消费者不同的价值观念设计产品，提供服务。

3. 消费习俗

消费习俗是指人们在长期经济与社会活动中所形成的一种消费方式与习惯。不同的消费习俗，具有不同的商品要求。家庭农场研究消费习俗，不但有利于组织好消费用品的生产与销售，而且有利于正确、主动地引导健康的消费。

(六)科学技术环境

科学技术的进步以及新技术手段的应用对家庭农场的发展进步提供了强有力的支持。科学技术的变化对家庭农场的组织机构、管理思想、合作方式、生产技术、营销方式等都产生了直接的影响，随着技术革命速率的加快，这种影响将越来越突出。家庭农场要提高活动的效率，保持自身的竞争力，就必须关注技术环境的变化，及时采取应对措施。

二、家庭农场微观营销环境

1. 农户

农户是人类进入农业社会以来最基本的经济组织，现阶段我国农户的显著特征是规模小，经营分散。农户可以为家庭农场提供初级农产品，成为家庭农场的原材料供应商。农户向家庭农场提供初级农产品的及时性和稳定性，影响着家庭农场的生产经营。因此，家庭农场应该认真处理好和农户的合作关系。

2. 企业

家庭农场内部的其他部门和其他活动会对企业的营销活动产生影响，营销部门必须与其他相关部门密切合作。

3. 营销中介

营销中介是指协助企业促销、销售和配销其产品给最终购买者的企业或个人，包括中间商、物流储运商、营销服务机构和财务中间机构。

4. 顾客

顾客是企业产品购买者的总称，是企业营销活动的出发点和归宿。美国学者的调查表明，每当有一名通过口头或书面向公司提出投诉的顾客，就有约 26 名保持沉默的感到不满意的顾客。这 26 名顾客每个人都会对另外 10 名亲朋好友造成消极影响，而这 10 名亲朋好友中，约 33％的人会再把这个坏消息传给另外 20 个人。换言之，只要有 1 名顾客不满意，就会导致 26＋（26×10）＋（26 ×10×33％× 20），即 2002 人不满意。因此，家庭农场应该清醒地认识到："顾客满意"就是经营，谁拥有顾客，谁就拥有发展的机会。家庭农场应该针对目标市场顾客的特点，认真分析他们的需求，制定相应的营销策略，为顾客提供优质高效的农产品和服务。

5. 竞争者

竞争者一般是指那些与本企业提供的产品或服务相似，并且所服务的目标顾客也相似的其他企业。企业在市场上面临着四类竞争者：愿望竞争者、属类竞争者、产品形式竞争者、品牌竞争者。在市场竞争中，家庭农场需要分析竞争者的优势与劣势，做到知己知彼，才能有针对性地制定正确的市场竞争战略，以避其锋芒、攻其弱点、出其不意，利用竞争者的劣势来争取市场竞争的优势，从而实现企业营销目标。

6. 社会公众

社会公众是指对本组织实现其营销目标具有实际的或潜在的利益关系或影响的各种群体或个人，主要包括政府、媒介、金融公众、群众团体、企业内部公众等。家庭农场必须采取积极措施，在公众心目当中树立健康良好的企业形象。

第三节 家庭农场市场营销组合策略

一、市场营销组合的含义

市场营销组合指的是企业在选定的目标市场上，综合考虑环境、能力、竞争状况，对企业自身可以控制的各种营销手段的综合运用，即对产品、价格、渠道、销售促进的最佳组合，使之相互配合，以完成企业的目标与任务。

市场营销的主要目的是满足消费者的需要，而消费者的需要很多，要满足消费者需要所应采取的措施也很多。因此，企业在开展市场营销活动时，就必须把握住那些基本性措施，合理组合，并充分发挥整体优势和效果。

二、市场营销组合策略

(一)家庭农场的产品策略

1. 农产品营销中的产品整体概念

家庭农场市场营销中的产品是指产品的整体概念，它包括农产品的核心产品、农产品的形式产品和农产品的附加产品等3个层次。

农产品的核心产品是指农产品所具备的使用价值和功能，即农产品能够提供给消费者的基本效用。消费者购买某种农产品，并不是为了占有农产品本身，而是为了获得能满足某种需要的效用或利益。如购买鸡蛋，是为了从鸡蛋中获得蛋白质。市场营销人员的根本任务在于向顾客推销农产品的实际效用。

农产品的形式产品是指农产品中可见的、可感觉的要素，如外观、质量、形态、品牌、包装等。形式产品是核心产品实现的形式。农产品的附加产品是指伴随农产品销售提供给顾客的额外利益，如服务、融资、保险等。

随着人们生活水平的提高，人们不仅要吃饱，更要吃好，对农产品品质的要求越来越高，只有树立农产品的整体观，才能满足不断变化的消费者需要。但是，我国农产品销售仍处于相当落后的局面，长期以来，很多农产品只是作为初级产品销售，缺乏加工处理，往往是卖农产品就卖其本身，即只给消费者提供了核心产品，缺乏形式产品与延伸产品。从营销意义上说，这样的农产品是不完整的。

2. 农产品营销中的产品市场生命周期

(1)农产品市场生命周期概念及阶段。农产品市场生命周期是指一种农产品(品种)由投放市场到最终被市场所淘汰的时间周期。农产品的生命周期可分为4个阶段。

①导入期，即某种农产品投放市场的初期。此时消费者对产品还不了解，销售量很低，销售增长率一般不超过10％。为了扩大销售，家庭农场需要投入大量的促销费用对该农产品进行宣传推广。

②成长期，是某种农产品已为消费者所接受，销量迅速增长的时期。此时，消费者已经对该产品了解并接受，购买量增加，市场逐步扩大。生产成本相对下降，利润额迅速增加，但竞争也随之出现并逐渐激烈。

③成熟期，是某种农产品销量达到高水平的时期。此时，该农产品在市场上已经普及，市场容量基本达到饱和点，潜在的消费者已经很少。在这一阶段，竞争达到白热化，价格战激烈，促销费用增加，利润下降。

④衰退期，是某种农产品销量迅速衰减的时期。此时，新产品或替代品出现，消费者转向购买其他产品，从而使原有产品的销量迅速下降。

（2）农产品市场生命周期各阶段的策略。由于农产品市场生命周期不同阶段有不同特征，因此，应采取不同营销策略。

①导入期市场营销策略。这一时期的特点是成本高、费用大、售价高、销量小。可供采取的策略有：快速掠取策略，即高价格高促销策略；缓慢掠取策略，即高价格低促销策略；快速渗透策略，即低价格高促销策略；缓慢渗透策略，即低价格低促销策略。

②成长期市场营销策略。这一时期的重点是促进销量迅速增加，其主要策略包括树立品牌优势，增加消费者的信任度；拓展产品销售市场；重新评价并完善销售渠道；改良农产品品质和增加花色品种；改变广告宣传的重点；在适当的时机采取降价策略等。

③成熟期市场营销策略。这一时期的重点是尽量延长成熟期，营销策略包括寻求新的细分市场；寻找能够刺激消费者增加农产品使用频率的方法；市场重新定位；产品改良；完善营销组合等。

④衰退期市场营销策略。重点是选择适当时机以适当方式退出。可供选择的策略有继续策略；集中策略；缩减策略；放弃策略。

3.产品组合

产品组合是指企业生产经营的全部产品的结构，由产品线和产品项目构成。产品线又称产品大类，是产品类别中具有密切关系的一组产品。产品项目是指某一品牌或产品大类内由尺码、价格、外观及其他属性来区别的具体产品。例如，某家庭农场生产食用油、面粉、方便面等，这就是产品线。食用油中的豆油、色拉油、花生油就是产品项目。企业的产品组合有一定的宽度、长度、深度和关联度。

宽度指企业的产品线总数。产品组合的宽度说明了企业的经营范围大小。增加产品组合的宽度，可以充分发挥企业的特长，使企业的资源得到充分利用，降低风险，提高经营效益。

长度指一个企业的产品项目总数。通常，每一产品线中包括多个产品项目，企业各产品线的产品项目总数就是企业产品组合长度。

深度指产品线中每一产品有多少品种。产品组合的长度和深度反映了企业满足各个不同细分市场的程度。增加产品项目，增加产品的规格、型号、式样、花色，可以迎合不同细分市场消费者的不同需要和爱好，吸引更多顾客。

关联性指一个企业的各产品线在最终用途、生产条件、分销渠道等方面的相关程度。较高的产品关联性能带来企业的规模效益和企业的范围效益，提高企业在某一地区、行业的声誉。

4. 农产品品牌策略

品牌是整体产品概念的重要组成部分，是一种名称、标记、符号或设计，或是它们的组合运用，其目的是借以辨认某个企业或某行业的产品或服务，并使之同竞争对手的同类产品和服务区别开来。品牌包括品牌名称、品牌标识和商标等内容。品牌名称是指商品中可以用语言称谓的部分。例如，可口可乐、麦当劳等都是品牌名称。品牌标识是指品牌中不能用语言表达的部分，如符号、图案、设计或颜色，如绿色食品的标志。商标是经过有关部门注册并受法律保护的品牌。

（1）品牌的作用。品牌在家庭农场发展中具有重要的作用，主要表现在：

①体现企业经营理念；

②创造差异，维护消费者的利益；

③维护企业正当权益，保护企业声誉；

④推进关系营销；

⑤扩大市场份额，减少价格弹性；

⑥促进企业提高产品质量。

（2）家庭农场品牌管理策略。

①品牌名称策略。在品牌名称的选择上，家庭农场可以采取以下的具体策略：一是差别品牌策略。即企业将自己生产或提供的各种产品分别使用不同的品牌。这一品牌策略最大优势在于能满足消费者求新求异的心理需求。但是，差别品牌策略的宣传成本昂贵，并且品牌繁多，使顾客不易记忆企业的形象。二是统一品牌策略。即企业将自己生产的所有产品统一使用一种品牌。统一品牌策略优势在于企业将所有资源都集中在某一品牌上，有利于培植该品牌的知名度，并可降低宣传成本。其不利一面是个别产品声誉不好，会使整个品牌名誉受损。三是个别分类品牌。即企业在产品组合中，对产品项目依据一定标准分类，并分别使用不同品牌。这样可以避免不同类型的产品因使用同一个品牌名称而产生混淆。四是个别品牌与企业名称相结合。即通常是在个别品牌前冠以企业的统一品牌。既可以使产品享受企业已有的声誉，又能体现产品的个性化，

使他们自己各具特色。例如"娃哈哈"的"非常可乐"。五是企业名称与产品品牌合一。这是统一品牌的另外一种方式。采用这种方式，不会为使企业和产品同时出名而必须花双倍的广告费，使得企业及其产品的标志更简明扼要，易于识别。六是多品牌策略。就是一种产品用多个不同的，毫无联系但相互竞争的商标。采用多品牌策略有利于树立企业实力雄厚的形象，有利于对竞争者的同类产品形成强有力的包围，提高市场占有率。

②品牌拓展策略。开发新产品时，是使用原有品牌，还是再创造出一个新品牌，这主要和家庭农场的品牌拓展策略有关。一是延伸品牌策略。如果原有的品牌市场情况很好，推出的新产品就可采用原有品牌。采用这种策略既能节约宣传成本，又能迅速打开新产品的销售，但要求延伸产品的品质，必须符合在市场上已有较高声誉的品牌要求。二是品牌创新策略。就是企业通过改进或合并原有品牌而设立新品牌的策略。有些时候，原有产品的市场情况很不好，老品牌声誉日下或不佳，或新产品使用原有品牌会影响原有产品的形象甚至争夺原有产品的市场，或新老产品的特点不适宜采用同一品牌，此时，新产品不宜采用原有产品的品牌。

（二）家庭农场的价格策略

1. 农产品定价依据

价格策略是企业营销组合的重要因素之一，直接决定着企业市场份额的大小和赢利率高低。随着营销环境的日益复杂，制定价格策略的难度越来越大，影响农产品定价的因素很多，概括起来，大体上可以有农产品成本、农产品市场供求、竞争因素和政府价格管制 4 个方面。

（1）农产品成本。对家庭农场的定价来说，成本是一个关键因素。企业产品定价以成本为最低界限，产品价格只有高于成本，家庭农场才能补偿生产上的耗费，从而获得一定赢利，价格过分低于成本，不可能长久维持。成本又可分解为固定成本和变动成本。产品的价格有时是由总成本决定的，有时又仅由变动成本决定。家庭农场定价时，不应将成本孤立地对待，而应同产量、销量、资金周转等因素综合起来考虑。

（2）农产品市场供求。农产品价格还受市场供求的影响。即受农产品供给与需求的相互关系的影响。当农产品的市场需求大于供给时，价格应高一些；当农产品的市场需求小于供给时，价格应低一些。反过来，价格变动影响市场需求总量，从而影响销售量，进而影响企业目标的实现。因此，家庭农场制定价格就必须了解价格变动对市场需求的影响程度。反映这种影响程度的一个指标就是农产品的价格需求弹性系数。所谓价格需求弹性系数，是指由于价格的相对变动，而引起的需求相对变动的程度。通常可用下式表示：

需求弹性系数＝需求量变动百分比÷价格变动百分比

（3）竞争因素。市场竞争也是影响价格制定的重要因素。特别是当农产品具有同质性时，价格往往成为企业扩大市场占有率的武器。根据竞争程度不同，企业定价策略会有所不同。比如，在完全竞争情况下，买者和卖者都大量存在，产品都是同质的，不存在质量与功能上的差异，企业自由地选择产品生产，买卖双方能充分地获得市场情报。在这种情况下，无论是买方还是卖方都不能对产品价

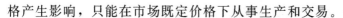

格产生影响，只能在市场既定价格下从事生产和交易。

（4）政府价格管制。政府对农产品价格实行管制，这实际上是政府对农民、农场、家庭农场以及消费者的一种保护措施。农产品需求弹性小，不论价格高低，消费者都得需要，是关乎民生的基础。在经济繁荣阶段，对农产品的需求增加，农产品价格上升，政府进行价格管制，能防止投机炒作，哄抬农产品价格，从而保护消费者的利益。而在经济萧条阶段，对农产品的需求减少，农产品价格下降，政府实行粮食等主要农产品最低收购价，同时增加政府采购农产品的数量，向农民和农场主支付货币或价格补贴，增加他们的可支配收入。

2. 农产品定价目标

定价目标是企业在对其生产或经营的产品制定价格时，有意识要达到的目的和标准。它是指导企业进行价格决策的主要因素。定价目标取决于企业的总体目标。不同行业的企业，同一行业的不同企业，以及同一企业在不同的时期，不同的市场条件下，都可能有不同的定价目标。

（1）以获取投资收益为定价目标。投资收益定价目标是指企业实现在一定时期内能够收回投资并能获取预期的投资报酬的一种定价目标。采用这种定价目标的企业，一般注意两个问题：一是要确定适度的投资收益率。投资收益率不可过高，否则消费者难以接受；二是企业的产品与竞争对手相比，产品具有明显的优势。

（2）以获取合理利润为定价目标。合理利润定价目标是指企业以适中、稳定的价格获得长期利润的一种定价目标。如果家庭农场拥有比较充分的后备资源，并打算长期经营，采用这种定价目标可以避免不必要的价格竞争，可以减少风险，保护自己。

（3）以获取最大利润为定价目标。最大利润定价目标是指企业追求在一定时期内获得最高利润额的一种定价目标。利润额最大化既取决于价格，又取决于销售量，因而追求最大利润的定价目标并不意味着企业要制定最高单价。最大利润有长期和短期之分，有远见的企业经营者，都着眼于追求长期利润的最大化。家庭农场如果采取多品种经营的策略，可以使用组合定价策略，即有些产品的价格定得比较低，有时甚至低于成本以招徕顾客，借以带动其他产品的销售，从而使企业利润最大化。

（4）以提高市场占有率为目标。即把保持和提高企业的市场占有率（或市场份额）作为一定时期的定价目标。市场占有率是一个企业经营状况和企业产品在市场上竞争能力的直接反映，关系到企业的兴衰存亡。较高的市场占有率，可以保证企业产品的销路，巩固企业的市场地位，从而使企业的利润稳步增长。无论大、中、小企业，都希望尽量提高企业的市场占有率。以提高市场占有率为目标定价，企业产品的定价通常可以由低到高或由高到低。

（5）以应对和防止竞争为目标。在市场竞争日趋激烈的形势下，企业对竞争者的行为要十分关注，尤其要关注竞争者产品价格的变动。企业在实际定价前，应该广泛收集资料，仔细研究竞争对手产品价格情况。根据企业的不同条件，一般有以下决策目标可供选择。

①稳定价格目标。在市场竞争和供求关系比较正常的情况下，为了避免不必要的价格竞争，保持生产的稳定，以求稳固地占领市场，家庭农场经营者可以以保持价格稳定为目标。

②追随定价目标。追随定价目标是指企业价格的制定，主要以对市场价格有影响的竞争者的价格为依据，根据具体产品的情况稍高或稍低于竞争者。竞争者的价格不变，实行此目标的企业也维持原价，竞争者的价格或涨或落，此类企业也相应地参照调整价格。一般情况下，中小家庭农场的产品价格应该略低于行业中占主导地位企业的产品价格。

③挑战定价目标。如果企业具备强大的实力和特殊优越的条件，可以主动出击，挑战竞争对手，获取更大的市场份额。一般常用的策略目标有：打击定价，即实力较强的企业主动挑战竞争对手，采用低于竞争者的价格出售产品；特色定价，即实力雄厚、产品品质优良或能为消费者提供更多服务的企业，采用高于竞争者的价格出售产品；阻截定价，即为了防止其他竞争者加入同类产品的竞争，在一定条件下，往往采用低价入市，迫使弱小企业无利可图而退出市场或阻止竞争对手进入市场。

(6)维护产品形象。如果家庭农场的目标是在某一特定市场上树立领先、知名品牌，使其产品成为高质量与高品位的象征，在这种情况下，企业可以综合运用多种营销策略和价格策略，把产品的价位定得高于一般同类产品。

3.农产品定价方法

农产品定价方法是家庭农场为实现其定价目标所采取的具体方法，可以归纳为成本导向定价法、需求导向定价法和竞争导向定价法3类。

(1)成本导向定价法。成本导向定价法是以农产品的成本为主要依据制定价格的方法，这是应用相当广泛的一种定价方法。

①成本加成定价法，即按产品单位成本加上一定比例的毛利定出销售价。

其计算公式为：

$$P = c \times (1 + r)$$

式中：P——商品的单价；

c——商品的单位总成本；

r——商品的加成率。

②目标利润定价法，是根据企业总成本和预期销售量，确定一个目标利润率，并以此作为定价的标准。其计算公式为

单位商品价格＝总成本×(1＋目标利润率)/预计销量

(2)需求导向定价法。需求导向定价法是根据市场需求状况和消费者对产品的感觉差异来确定价格的定价方法。

①认知导向定价法，是指根据消费者对企业提供的产品价值的主观评判来制定价格的一种定价方法。

②需求差别定价法，是指根据销售的对象、时间、地点的不同而产生的需求差异，对相同的产品采用不同价格的定价方法。常见的有基于顾客差异的差别定价、基于不同地理位置的差别定价、基于不同时间的差别定价。需求差异定价法对同一商品在同一市场上制订两个或两个以上的价格，其好处是可以使企业定价最大限度地符合市场需求，促进商品销售，有利于企业获取最佳的经济效益。

(3)竞争导向定价法。竞争导向定价法是企业针对市场竞争状况，依据自身的竞争实力，以市场上竞争者的类似产品的价格作为本企业产品定价的参照系的一种定价方法。竞争导向定价主要包括随行就市定价法、产品差别定价法。

①随行就市定价法：即家庭农场按照市场平均价格水

平来制定自己产品的价格，利用这样的价格来获得平均报酬。这样做可以避免价格竞争带来的损失，大多数企业都采用随行就市定价法。此外，采用随行就市定价法，企业就不必去全面了解消费者对不同价差的反应，也不会引起价格波动。

②差别定价法：差别定价法是指企业通过营销努力，使同种同质的产品在消费者心目中树立起不同的产品形象，进而根据自身特点，选取低于或高于竞争者的价格作为本企业产品价格。

4. 家庭农场产品定价策略

近年来迅速变化的市场营销环境，不断增强了价格决策的重要性，这就要求家庭农场经营者要充分运用产品定价策略，促进农产品的销售。

(1)新产品的定价策略。一种新产品是否能占领市场，定价因素起着关键作用。新产品的定价策略包括3种。

①撇脂定价策略。即指新产品上市初期，定价较高，以便在较短的时间内获得高额利润的一种定价策略。撇脂定价策略是一种短期的价格策略，随着销量增长，产品价格会逐渐降低。这种定价策略适用于具有独特技术、有专利保护的农产品。

②渗透定价策略。这是一种低价策略，即在新产品投入市场时，以较低的价格吸引消费者，以便提高市场占有率。一般来说适用于能大批量生产、技术简单的产品。

③满意价格策略。即价格介于上述两种价格之间的一种定价策略。它往往既能保证企业获得一定的初期利润，又能为消费者所接受。

(2)折扣定价策略。企业为了鼓励顾客及早付清贷款、大量购买、淡季购买，常常降低其基本价格，这种价格调整叫做价格折扣。常用的折扣策略有数量折扣、现金折扣、功能折扣、季节折扣等。

①现金折扣又称销售折扣，是为敦促消费者尽早付清货款而提供的一种价格优惠。其优点在于：缩短收款时间，减少坏账损失。

②数量折扣是企业对大量购买农产品的顾客给予的一种减价优惠。一般购买量越多，折扣也越大，以鼓励顾客增加购买量，或集中向一家企业购买，或提前购买。尽管数量折扣使产品价格下降，单位产品利润减少，但销量的增加、销售速度的加快，使企业的资金周转次数增加了，流通费用下降了，产品成本降低了，导致企业总赢利水平上升，对企业来说利大于弊。数量折扣又可分为累计数量折扣和一次性数量折扣两种类型。

③功能折扣是指家庭农场对提供给批发商、零售商的产品按零售价格给予一定折扣。

④季节折扣也称季节差价，是指家庭农场为鼓励买方在淡季购买而给予的折扣，目的在于鼓励淡季购买，减轻仓储压力，利于均衡生产。

(3)心理价格策略。心理定价策略是根据消费者购买商品时的心理变化需要所采取的定价策略。它包括尾数定价，在制定农产品价格时，保留尾数而不取整数的定价方法，使消费者购买时在心理上产生较为便宜的感觉，如超市中的水果罐头每瓶 9.9 元等；声望定价，如果某个企业或某种农产品，在长期的经营过程中，保持过硬的质量和完善的服务，从而在消费者心目中形成了较高的声望，消费者在购买此类农产品时就会有更大的信任感和享受感，即使多花些钱也会觉得物有所值，因此，对于那些长期以来声望高的名牌企业、名牌农产品来说，价格可以定得比一般水平高一些；习惯定价，大米等常购农产品一般价格比较稳定，形成了习惯性价格。

（4）地区差价策略。由于农产品生产与区域气候、地理环境等有较为密切的关系，企业定价时可以根据买主所在地区与路途的远近，把农产品运费、保险费、保鲜费用考虑进去。

（三）家庭农场的营销渠道策略

农产品营销渠道是指农产品从生产领域向消费者转移过程中，由具有交易职能的商业中间人连接的通道。在多数情况下，这种转移活动需要经过包括各种批发商、零售商、商业服务机构（交易所、经纪人）在内的中间环节。

1. 家庭农场营销渠道的类型

没有中间商的销售渠道都称直接渠道。经过一个或两个中间商环节的称为间接渠道。农产品销售渠道一般有以下几种。

（1）生产者→消费者。生产者直接将商品出售给消费者，不经过任何中间环节，没有中间商介入的简单结构。例如，养殖场把自产的产品（鸡、鸭、蛋等）运到农贸市场自行销售。这种营销渠道是环节最少、费用最小、最直接、最简单的营销渠道。

（2）生产者→零售商→消费者。生产者将农产品先出售给零售商，再由零售商出售给消费者。这种销售渠道环节较少，适用于鲜活农牧渔产品（如水果、活鱼等）销售。

（3）生产者→批发商→零售商→消费者。生产者将产品先出售给批发商，再转卖给零售商，最后出售给消费者。这种销售渠道适合储存期较长的加工品（如罐头类食品、大米等）。

（4）生产者→代理商→批发商→零售商→消费者。这种销售渠道通过代理商卖给批发商，再转卖给零售商，最后出售给消费者。由于代理商了解市场行情，销售经验丰富，因而推销成功率高。

（5）生产者→加工商→批发商→零售商→消费者。这种渠道主要适用于那些需要加工后才能销售的农畜产品。例如生猪、肉牛等需要先运到肉联厂屠宰、加工，然后才能进一步销售。

2. 家庭农场营销渠道的选择

家庭农场在选择营销渠道时，会受到各种因素的影响，因此，必须认真研究并根据具体情况来确定营销渠道。一般应考虑如下因素。

（1）产品因素。产品因素是进行渠道决策时首先要考虑的问题，根据产品性质和特点选择销售渠道。鲜活、易腐、易损的农产品应选直接销售或选择尽量短而宽的渠道，而耐贮、耐运的农产品则可选长而宽的渠道；单价高的产品选择短一些的渠道，最好直接销售，而单价低的农产品则宜选择长而宽的间接渠道。

（2）市场因素。一般来说，对于市场需求量大、购买频率高的农产品，可选宽的销售渠道，多设网点，使消费者随时随地可以购买；相反，对购买频率低、购买集中的商品，可少利用一些中间商或采用较短的渠道来进行销售；有些产品（如调料、食盐、蔬菜），消费者喜欢就近购买，渠道应宽一些、长一些，最好能深入居民区附近。

(3)企业自身因素。企业离市场近，就可不用中间商；企业规模大，资源雄厚，经营能力强，则可在本地或外地自设分销机构，直接控制渠道；规模很小，无力分设销售点，则应依赖中间商经销。企业将自己的产品打入一个新市场，对市场情况不熟悉，就只能委托当地的中间商为其销售；若企业对市场情况比较熟悉，就可以自行组织销售。

(4)竞争因素。农产品进行分销渠道决策时应充分考虑竞争者的渠道策略，并采取相应的对策。主要有正位渠道策略，即在竞争对手分销渠道的附近设立分销点，以优取胜；错位渠道策略，即避开竞争对手的分销渠道，在市场的空白点另立。

(5)环境因素。一是国家政策。政策的变化决定着农产品销售渠道的变更。如中国曾一度强调计划管理，绝大部分农产品实行计划渠道。改革开放以来，市场经济使分销渠道大大拓宽，出现了多渠道流通的局面。但是目前，国家对烟叶、蚕茧、棉花等还实行专营。所以，生产这些农产品的企业只能按国家的政策规定，选择计划渠道，将这些农产品卖给国家指定的收购站，而不能进入其他渠道。二是自然环境。自然环境主要表现在地理条件对分销渠道的影响。地处交通便利的地区，由于地理位置比较有利，开展直接销售的可能性比较大；地处偏远地区或交通不便的地区，只能采取较长的分销渠道。

3. 家庭农场营销渠道的策略

在确定销售渠道类型之后，还要考虑生产者、经营者（批发商、零售商）如何有效结合，以取得更好的销售效果。

(1)普遍性销售渠道策略。即企业通过批发商把产品广泛、普遍地分销到各地零售商业企业，以便及时满足各地区消费者需要。由于大多数农产品及其加工品是人们日常的生活必需品，具有同质性特点，因此，绝大多数家庭农场普遍采取这种策略。采取这种策略，有利于广泛占领市场，便利消费者购买。

(2)选择性销售渠道策略。就是指在一定地区或市场内，家庭农场有选择地确定几家信誉较好、推销能力较强、经营范围和自己对口的批发商销售自己的产品，而不是把所有愿意经营这种产品的中间商都纳入自己的销售渠道中来。这种策略虽然也适用于一般加工品，但更适宜于一些名牌产品的销售。这样做，有利于调动中间商的积极性，同时能使生产者集中力量与之建立较密切的业务关系。

(3)专营性销售渠道策略。指在特定的市场内，家庭农场只使用一个声誉好的批发商或零售商推销自己的产品。这种策略多适用于高档的加工品或试销新产品。由于只给一个中间商经营特权，所以既能避免中间商之间的相互竞争，又能使之专心一致，推销自己的产品。缺点是只靠一家批发商销售产品，销售面和销售量都可能受到限制。

(四)家庭农场的促销策略

现代市场条件下，仅有优质的产品、合理的价格和适当的渠道不一定能引起消费者的注意。要想使产品占领市场，还必须采用各种有效的促销手段来激发消费者的购买欲望和购买行为，以达到扩大销售的目的。

1.农产品促销的本质及功能

农产品促销是指以各种有效的方式向目标市场传递有关信息，以启发、推动或创造产品和劳务的需求，并引起购买欲望和购买行为的活动。家庭农场促销的本质是企业

同目标市场之间的信息沟通。促销具有告知功能、说明功能、影响功能。

2. 家庭农场促销类型

家庭农场促销的类型一般包括广告促销、人员推销、关系营销和营业推广4种。

(1)广告促销。广告促销是指通过各种宣传媒介，如电视、广播、杂志、报纸、网络等将产品或服务信息传递给接受者，达到促进销售目的的一种促销手段。随着市场竞争的加剧，广告已经成为促销的主要手段，家庭农场应结合自身产品的特性，做好广告宣传。

(2)人员推销。人员推销是指通过推销员与消费者的直接对话和沟通，传达产品或服务的信息，促使消费者进行购买。人员推销方式推销成本低，针对性强，灵活应变，有助于生产者和消费者的双向交流。搞好人员推销，关键是选择培训销售人员，提高销售人员素质。

(3)关系营销。关系营销是把营销活动看成一个企业与消费者、供应商、分销商、竞争者、政府机构及其他公众发生互动作用的过程，其核心是建立和发展与这些公众的良好关系。搞好公共关系，可以为企业树立良好形象，博得社会公众的信任和支持，有利于企业扩大销售。家庭农场可以通过在一定宣传媒介上刊登介绍性的文章或召开新闻发布会等形式，对企业的产品或服务进行有利宣传，从而扩大知名度，达到促销的目的。公共关系的主要活动方式有：一是同有关的社会团体建立联系，并提供有关咨询服务，通过他们的各种宣传报道，使社会公众对企业产生良好影响；二是培训专职公共关系人员，及时处理社会公众的来信、来访，并尽快解决他们提出的不同问题；三是与政府机构、中间商和社会有影响的专家、学者等建立信息联系，取得他们的支持。

（4）营业推广。营业推广是指通过短期的刺激性手段，说服和鼓励消费者，激发他们的购买欲望。通过营业推广，企业向顾客提供特殊的优惠条件，能够引起他们的兴趣和注意，影响他们的购买决策，在短期内达成交易。营业推广的形式有：通过农产品交易会、展销会、订货会、拍卖会等形式向组织用户展示产品，洽谈业务、达成交易；向顾客发放优待券，赠送样品、奖券，提供试用、试饮、有效销售等；对推销员的营业推广方式有发放资金、提供免费旅游、提供培训学习机会等。

第五章　家庭农场财务管理

财务管理是现代家庭农场管理的重要组成部分。在市场竞争日趋激烈的今天，财务管理的重要性越来越突出，成为家庭农场生存和发展的关键环节，也是提高经济效益的重要途径。

第一节　财务管理概述

一、财务管理的含义

资金是家庭农场进行生产经营的基本要素，对家庭农场的生存和发展具有举足轻重的作用。家庭农场在生产经营的过程中，不断地发生资金的流入和流出，与有关各方发生资金的往来和借贷关系。围绕现金的收入和支出形成了家庭农场的财务活动和各种财务关系，财务管理就是组织家庭农场财务活动，处理家庭农场财务关系，为家庭农场的生存和发展提供资金支持的一种综合性的管理活动。具体说，家庭农场财务活动包括家庭农场筹资引起的财务活动、家庭农场投资引起的财务活动、家庭农场经营引起的财务活动和家庭农场分配引起的财务活动；家庭农场的财务关系包括家庭农场同其所有者之间的财务关系、家庭农场同其债权人之间的财务关系、家庭农场同其被投资单位之间的财务关系、家庭农场同其债务人之间的财务关系、家庭农场与职工的财务关系、家庭农场内部各单位的财务关系等。

二、财务管理的目标

明确财务管理的目标，是做好财务工作的前提。财务管理是家庭农场生产经营过程中的一个重要方面，财务管理的目标应该服从和服务于家庭农场的总体目标。家庭农场财务管理的目标可分为整体目标、分部目标和具体目标。整体目标是指整个家庭农场财务管理所要达到的目标，整体目标决定着分部目标和具体目标，决定着整个财务管理过程的发展方向。家庭农场财务管理的整体目标在不同的经济模式和组织制度条件下有着不同的表现形式，主要有四种模式。

(一)以总产值最大化为目标

产值最大化，是符合计划经济体制的一种财务管理目标。家庭农场财务活动的目标是保证总产值最大化对资金的需要。追求总产值最大化，往往会导致只讲产值、不讲效益，只讲数量、不讲质量，只抓生产，不抓销售等严重后果，这种目标已经不符合市场经济的要求。

(二)以利润最大化为目标

利润代表了家庭农场新创造的财富，利润越多，家庭农场财富增长越快。在市场经济条件下，家庭农场往往把追求利润最大化作为目标，因此，利润最大化自然也就成为家庭农场财务管理要实现的目标。以利润最大化为目标，可以直接反映家庭农场所创造的剩余产品多少，可以帮助家庭农场加强经济核算、努力增收节支，以提高家庭农场的经济效益，可以体现家庭农场补充资本、扩大经营规模的能力。但是，利润最大化目标没有考虑利润实现的时间以及伴随高报酬的高风险，没有考虑所获利润与投入资本额之间的关系，可能导致家庭农场财务决策带有短期行为倾向。因此，利润最大化也不是家庭农场财务管理的最优目标。

（三）以股东财富最大化为目标

在股份制经济条件下，股东创办家庭农场的目的是增长财富。股东是家庭农场的所有者，是家庭农场资本的提供者，其投资的价值在于家庭农场能给他们带来未来报酬。股东财富最大化是指通过财务上的合理经营，为股东带来更多的财富。股东财富由其所拥有的股票数量和股票市场价格两方面来决定，在股票数量一定的前提下，当股票价格达到最高时，则股东财富也达到最大。

股东财富最大化的目标概念比较清晰，因为股东财富最大化可以用股票市价来计量；考虑了资金的时间价值；科学地考虑了风险因素，因为风险的高低会对股票价格产生重要影响；股东财富最大化一定程度上能够克服家庭农场在追求利润上的短期行为，因为不仅目前的利润会影响股票价格，预期未来的利润对家庭农场股票价格也会产生重要影响；股东财富最大化目标比较容易量化，便于考核和奖惩。追求股东财富最大化也存在一些缺点：它只适用于上市公司，对非上市公司很难适用。股东财富最大化要求金融市场是有效的；股票价格并不能准确反映家庭农场的经营业绩。

（四）以家庭农场价值最大化为目标

家庭农场的存在和发展，除了股东投入的资源外，和家庭农场的债权人、职工，甚至社会公众等都有着密切的关系，因此，单纯强调家庭农场所有者的利益而忽视利益相关的其他集团的利益是不合适的。家庭农场价值最大化是指通过家庭农场财务上的合理经营，采用最优的财务政策，充分考虑资金的时间价值和风险报酬的关系，在保证家庭农场长期稳定发展的基础上使家庭农场总价值达到最大。

家庭农场财务管理的分部目标可以概括为家庭农场筹资管理的目标、家庭农场投资管理的目标、家庭农场营运资金管理的目标、家庭农场利润管理的目标。

三、财务管理的内容

家庭农场财务管理就是管理家庭农场的财务活动和财务关系。财务活动是指资本的筹资、投资、资本营运和资本分配等一系列行为。具体包括筹资活动、投资活动、资本营运和分配活动。

（一）筹资活动

筹资活动，又称融资活动，是指家庭农场为了满足投资和资本营运的需要，筹措和集中所需资本的行为。筹资活动是家庭农场资本运动的起点，也是投资活动的前提。家庭农场筹资可采用两种形式：一是权益融资，包括吸收直接投资、发行股票、内部留存收益等。二是负债融资，包括向银行借款、发行债券、应付款项等等。

家庭农场筹资时，应合理确定资本需要量，控制资本的投放时间；正确选择筹资渠道和筹资方式，努力降低资本成本；分析筹资对家庭农场控制权的影响，保持家庭农场生产经营的独立性；合理安排资本结构，适度运用负债经营。

（二）投资活动

投资活动是指家庭农场预先投入一定数额的资本，以获得预期经济收益的行为。家庭农场筹集到资本后，为了谋取最大的赢利，必须将资本有目的地进行投资。投资按照投资对象可分为项目投资和金融投资。项目投资是家庭农场通过购置固定资产、无形资产和递延资产等，直接投资于家庭农场本身生产经营活动的一种投资行为。项目投资可以改善现有的生产经营条件，扩大生产能力，获得更多的经营利润。进行项目投资决策时，要在投资项目技术性论证的基础上，建立科学化的投资决策程序，运用各种投资分析评价方法，测算投资项目的财务效益，进行投资项目的财务可行性分析，为投资决策提供科学依据。金融投资是家庭农场通过购买股票、基金、债券等金融资产，间接投资于其他家庭农场的一种投资行为。金融投资通过持有权益性或者债权性证券来控制其他家庭农场的生产经营活动，或者获得长期的高额收益。金融投资决策的关键是在金融资产的流动性、收益性和风险性之间找到一个合理的均衡点。

家庭农场投资时，应研究投资环境，讲求投资的综合效益。一是预测家庭农场的投资规模，使之符合家庭农场需求和偿债能力；二是确定合理的投资结构，分散资本投向，提高资产流动性；三是分析家庭农场的投资环境，正确选择投资机会和投资对象；四是研究家庭农场的投资风险，将风险控制在一定限度内；五是评价投资方案的收益和风险，进行不同的投资组合等。

（三）资本营运活动

家庭农场在日常生产经营过程中，从事采购、生产和销售等经营活动，就要支付货款、工资及其他营业费用；产品或商品售出后，可取得收入，收回资本；若现有资本不能满足家庭农场经营的需要，还要采取短期借款方式来筹集所需资本。家庭农场这些因生产经营而引起的财务活动就构成了家庭农场的资本营运活动。营运资本管理是家庭农场财务管理中最经常的内容。

营运资本管理的核心，一是合理安排流动资产和流动负债的比例，确保家庭农场具有较强的短期偿债能力；二是加强流动资产管理，提高流动资产周转效率；三是优化流动资产和流动负债内部结构，确保营运资本的有效运用等。

（四）分配活动

家庭农场通过生产经营和对外投资等都会获取利润，应按照规定的程序进行分配，分配具有层次性。家庭农场通过投资取得的收入首先要用以弥补生产经营耗费，缴纳流转税，其余部分为家庭农场的营业利润；营业利润与投资净收益、营业外收支净额等构成家庭农场的利润总额。利润总额首先要按照国家规定缴纳所得税，税后净利润要提取公积金和公益金，分别用于扩大积累、弥补亏损和改善职工集体福利设施，其余利润作为投资者的收益分配给投资者，或者暂时留存家庭农场，或者作为投资者的追加投资。

上述四大财务活动相互联系、相互依存，财务管理的内容按照财务活动的过程分为筹资管理活动、投资管理活动、营运资金管理活动和利润分配管理活动 4 个主要方面。

第二节　家庭农场资金管理

资金是市场经济条件下家庭农场生产和流通过程中所占用的物质资料和劳动力价值形式的货币表现，资金是家庭农场获取各种生产资料，保证家庭农场持续发展不可缺少的要素。

一、家庭农场经营资金构成

家庭农场资金是指用于家庭农场生产经营活动和其他投资活动的资产的货币表现。家庭农场经营资金，可以分为以下几类。

（1）按资金取得的来源。分为自有资金和借入资金。所谓自有资金，是指家庭农场为进行生产经营活动所经常持有，可以自行支配使用并无须偿还的那部分资金，与借入资金对称。

（2）按照资金存在的形态，可分为货币形态资金和实物形态资金。

（3）按照资金在再生产过程中所处阶段，可分为生产领域资金和流通领域资金。生产领域资金包括生产用的建筑设施、生产设备、生产工具、交通运输工具、原材料、燃料与辅助材料储备、在制品、半成品等资金。决定生产资金占用多少的主要因素有生产过程的长短，生产费用的多少，投料是否合理。

（4）按照资金的价值转移方式，可分为固定资金和流动资金。

二、家庭农场流动资金管理

流动资金是指在家庭农场生产经营过程中，垫支在劳动对象上的资金和用于支付劳动报酬及其他费用的资金。家庭农场流动资金由储备资金、生产资金、成品资金和货币资金组成。具体来说现金、存货（材料、在制品、成品）、应收账款、有价证券、预付款等都是流动资金。

（一）流动资金的特点

1. 流动资金占用形态具有流动性

随着家庭农场生产经营活动不断进行，流动资金占用形态也在不断变化。家庭农场流动资金一般从货币形态开始，集资经过购买、生产、销售3个阶段，相应的表现为货币资金、储备资金、生产资金和商品资金等形态，不断循环流动。

2. 流动资金占用数量具有波动性

产品供求关系变化、生产消费季节性变化、经济环境变化都会对家庭农场的流动资金产生影响，因而家庭农场流动资金在各个时期的占用量不是固定不变的，有高有低，呈现出波动性。

3. 流动资金循环具有增值性

流动资金在循环周转中，可以得到自身耗费的补偿，每一次周转可以产生营业收入并且创造利润。在利润率一定的条件下，资金周转越快，增值就越多。

(二)流动资金的日常管理

1. 货币资金管理

货币资金是家庭农场流动资金中流动性最强的资金，包括现金、银行存款和其他货币资金。

(1)现金管理。现金是指家庭农场所拥有的硬币、纸币，即由家庭农场出纳员保管作为零星业务开支之用的库存现款。家庭农场持有现金出于 3 种需求，即交易性需求、预防性需求和投机性需求。

交易性需求是家庭农场为了维持日常周转及正常商业活动所需持有的现金额。家庭农场每日都在发生许多支出和收入，多数情况下，这些支出和收入在数额上不相等或者时间上不匹配，因此家庭农场需要持有一定现金来调节，以使生产经营活动能持续进行。

预防性需求是指家庭农场需要维持充足现金，以应付突发事件。这种突发事件可能是政治环境变化，也可能是家庭农场的某大客户违约导致家庭农场突发性偿付等。尽管财务主管试图利用各种手段来较准确地估算家庭农场需要的现金数，但这些突发事件会使原本很好的财务计划失去效果。因此，家庭农场为了应付突发事件，有必要准备比日常正常运转所需金额更多的现金。为应付意料不到的现金需要，家庭农场掌握的现金额取决于家庭农场愿冒缺少现金风险的程度；家庭农场预测现金收支可靠的程度；家庭农场临时融资的能力。

投机性需求是指家庭农场为了在未来某一适当的时机进行投机活动而持有的现金。这种机会大都是一闪即逝，如证券价格突然下跌，家庭农场若没有用于投机的现金，就会错过这一机会。

如果家庭农场持有的现金过多，因现金资产的收益性较低，会增加家庭农场财务风险，降低收益；如果家庭农场持有的现金过少，可能会因为缺乏必要的现金不能应付业务开支需要而影响家庭农场的支付能力和信誉形象，使家庭农场遭受信用损失。

家庭农场现金管理的目的在于既要保证家庭农场生产经营所需要现金的供应，还要尽量避免现金闲置，并合理的从暂时闲置的现金中获得更多的利息收入。

家庭农场要遵守国家现金管理有关规定，做好库存现金的盘点工作，建立和实施现金的内部控制制度，控制现金回收和支付，多方面做好现金的日常管理工作。

（2）银行存款管理。银行存款就是家庭农场存放在银行或其他金融机构的货币资金。家庭农场银行存款管理的目标是通过加速货款回收，严格控制支出，力求货币资金的流入与流出同步来保持银行存款的合理水平，使家庭农场既能将多余货币资金投入有较高回报的其他投资方向，又能在家庭农场急需资金时，获得足够的现金。

2. 债权资产

债权资产是指债权人将在未来时期向债务人收取的款项，主要包括应收账款和应收票据。

（1）应收账款管理。

①应收账款及其管理目标。应收账款是指家庭农场因销售商品、材料、提供劳务等，应向购货单位收取的款项，应收账款是伴随家庭农场的销售行为发生而形成的一项债权。

市场经济条件下，存在着激烈的商业竞争。除了依靠产品质量、价格、售后服务、广告等，赊销也是扩大销售的手段之一，于是就产生了应收账款。应收账款的损失包括逾期应收账款的资金成本、附加收账费用、坏账损失，另外，还有一些间接的损失。应收账款管理的目标，是要制定科学合理的应收账款信用政策，并在这种信用政策所增加的销售赢利和采用这种政策预计要担负的成本之间做出权衡。只有当所增加的销售赢利超过运用此政策所增加的成本时，才能实施和推行使用这种信用政策。同时，应收账款管理还包括家庭农场未来销售前景和市场情况的预测和判断，及对应收账款安全性的调查，确保家庭农场获取最大收入的情况下，又使可能的损失降到最低点。

②应收账款管理。家庭农场应收账款管理的重点，就是根据家庭农场实际经营情况和客户信誉情况制定家庭农场合理的信用政策，这是家庭农场财务管理的一个重要组成部分，也是家庭农场为达到应收账款管理目的必须合理制定的方针策略。信用政策包括信用标准、信用期限、折扣政策和收账政策等。

信用政策制定好了以后，家庭农场要从3个方面强化应收账款信用政策执行力度：一是做好客户资信调查。一般说来，客户的资信程度通常取决于5个方面，即客户的品德、能力、资本、担保和条件，也就是通常所说的"5c"系统，这五个方面的信用资料可以通过财务报表、信用评级报告、商业交往信息取得。对上述信息进行信用综合分析后，家庭农场就可以对客户的信用情况作出判断，并做出能否和该客户进行商品交易，做多大量，每次信用额控制在多少为宜，采用什么样的交易方式、付款期限和保障措施等方面决策。二是加强应收账款的日常管理工作。具体来讲，可以从以下几方面做好应收账款的日常管理工作：

做好基础记录，了解客户（包括子公司）付款的及时程度；检查客户是否突破信用额度；掌握客户已过信用期限的债务；分析应收账款周转率和平均收账期，看流动资金是否处于正常水平；对坏账损失的可能性预先进行估计，积极建立弥补坏账损失的准备制度；编制账龄分析表等。三是加强应收账款的事后管理。确定合理的收账程序，确定合理的讨债方法。

（2）应收票据管理。应收票据包括期票和汇票。期票是指债务人向债权人签发的，在约定日期无条件支付一定金额的债务凭证。汇票是指由债权人签发（或由付款人自己签发），由付款人按约定付款期限，向持票人或第三者无条件支付一定款项的凭证。家庭农场为了弥补无法收回应收票据而发生的坏账损失，应建立和健全坏账准备金制度。

3. 存货管理

存货是指家庭农场在正常生产经营过程中持有的、为了销售的产成品或商品，或为了出售仍然处于生产过程中的产品，或在生产过程、劳务过程中消耗的材料、物料等。家庭农场存货除上述项目外，还包括收获的农产品、幼畜、生长中的庄稼等。

家庭农场置留存货的原因，一方面是为了保证生产或销售的经营需要；另一方面是出自价格的考虑，零购物资的价格往往较高，而整批购买在价格上有优惠。但是，过多存货要占用较多资金，并且会增加包括仓储费、保险费、维护费、管理人员工资在内的各项开支，因此，进行存货管理目标就是尽力在各种成本与存货效益之间做出权衡，达到两者的最佳结合。

家庭农场提高存货管理水平的途径主要有：严格执行

财务制度规定，使账、物、卡相符；采用 ABC 控制法，降低存货库存量，加速资金周转；加强存货采购管理，合理运作采购资金，控制采购成本；充分利用 ERP 等先进的管理模式，实现存货资金信息化管理。

三、家庭农场固定资金管理

(一)家庭农场固定资金的内容和特点

固定资金是指家庭农场占用在主要劳动资料上的资金，其实物形态表现为固定资产，如工作机器、动力设备、传导运输设备、房屋及建筑物等。家庭农场固定资产还包括土地、堤坝、水库、晒场、养鱼池、生物性生物资产等。家庭农场把劳动资料按照使用年限和原始价值划分固定资产和低值易耗品。对于原始价值较大、使用年限较长的劳动资料，按照固定资产来进行核算；而对于原始价值较小、使用年限较短的劳动资料，按照低值易耗品来进行核算。

固定资产在较长时期内的多次生产周期中反复发挥作用，直到报废之前，仍然保持其实物形态不变。固定资产在使用过程中不可避免地会发生磨损，其价值也会随着它的损耗程度逐渐地、部分地转移并从产品实现的价值中逐渐地、部分地补偿。

固定资金在运动周转中表现出以下特点：周转期长；固定资产资金的价值补偿和实物更新分别进行；固定资金的投资是一次性的，而投资的收回分次进行。

(二)家庭农场固定资产管理的基本要求

固定资产具有价值高，使用周期长、使用地点分散、管理难度大等特点，为了保证生产对固定资产数量和质量的需要，同时还要提高固定资产的利用效率，家庭农场首先要正确核定固定资产的需用量；其次要保证固定资产的完整无缺；然后要不断提高固定资产的利用效率；第四要正确计算和提取固定资产折旧；最后要加强固定资产投资预测和决策。

(三)家庭农场固定资产折旧

固定资产折旧是以货币形式表示的固定资产因损耗而转移到产品中去的那部分价值。计入产品成本的那部分固定资产的损耗价值，称为折旧费。

固定资产的价值损耗分有形损耗和无形损耗。固定资产有形损耗是指固定资产由于使用和自然力的作用而发生的物质损耗，前者称固定资产的机械磨损，后者称固定资产的自然磨损。固定资产无形损耗是指固定资产在社会劳动生产率提高和科学技术进步的条件下而引起的固定资产的价值贬值。

固定资产折旧方法如下。

1. 平均折旧法

是根据固定资产的应计折旧额(原值－预计净残值)，按照固定资产的预计折旧年限，预计使用时间和预计总产量等平均计算固定资产的转移价值的方法。包括使用年限法、工作时数法、产量法。

(1)使用年限法。使用年限法是将固定资产的应计折旧额按照固定资产的预计使用年限平均计提折旧的方法。

年折旧额＝(原价－预计残值收入＋预计清理费用)/预计使用年限

年折旧率(％)＝(1－预计净残值率)/预计使用年限×100

年折旧额＝固定资产原值×年折旧率

月折旧率＝年折旧率/12

月折旧额＝固定资产原值×月折旧率

（2）工作时数法。工作时数法（工作量法）是根据固定资产的应计折旧额按照预计使用时数（或行驶里程）计提折旧的一种方法。

单位工作小时折旧额＝原价×（1－预计净残值率）/预计总工作小时

月折旧额＝月工作小时数×单位工作小时折旧额

单位里程折旧额＝原价×（1－预计净残值率）/预计总行驶里程

月折旧额＝月行驶里程×单位里程折旧额

（3）生产量法。生产量法是根据固定资产应计折旧额按照该项固定资产的预计生产总量（或预计提供的劳务总量）计提的一种方法。

单位生产量折旧额＝原价×（1－预计净残值）/预计生产总量

月折旧额＝某月生产总量（或劳务总量）×单位生产量折旧额（或劳务量）

2. 加速折旧法

是加速和提前提取折旧的方法。固定资产投入使用的最初几年多提折旧，后期少提折旧，各期的折旧额是一个递减的数列。包括双倍余额递减法、年数总和法。之所以采用加速折旧法，是因为固定资产在全新时有较强的产出能力，可提供较多的营业收入和赢利，理应多提折旧；固定资产在投入使用的最初几年将固定资产的大部分（一般为50%～60%）收回，可减少无形损耗，有利于家庭农场采用先进技术；按国际惯例，折旧费可计入生产成本，具有抵减所得税的作用，有利于保持各期的折旧费与修理费总和基本平衡。

(1)双倍余额递减法。双倍余额递减法是根据固定资产原值减去已提折旧后的余额，按照使用年限法的折旧率的两倍计算的折旧率计提折旧的一种方法。

年折旧率(%)＝2/预计折旧年限×100

年折旧额＝固定资产账面净值×年折旧率

月折旧率＝年折旧率/12

月折旧额＝固定资产账面净值×月折旧率

(2)年数总和法。年数总和法是以应计折旧额(即原价扣除净残值的差额)乘以尚余固定资产折旧年限(包括计算当年)与固定资产预计使用年限的年数总和之比计提折旧的一种方法。

各年折旧率(%)＝(预计使用年限－已使用年限)÷[预计使用年限×(预计使用年限＋1)÷2]×100

计提固定资产折旧的时间：月份内增加的固定资产，当月不计提折旧，从下月起计提折旧；月份内减少或停用的固定资产，当月仍计提折旧，从下月起停止计提折旧；已提足折旧的固定资产继续使用时，不再计提折旧；尚未提足折旧而提前报废的固定资产，不再计提折旧。其未提足的折旧额，作为损失计入营业外支出。

四、家庭农场无形资产管理

(一)无形资产的特点

无形资产是指不具有实物形态而主要以知识形态存在的重要经济资源，它是为其所有者或合法使用者提供某种权利或优势的经济资源。无形资产具有如下主要特征：一是非独立性。无形资产是依附于有形资产而存在的，相对而言缺乏独立性，它体现一种权力或取得经济效益的能力。二是转化性。无形资产虽然是看不见、摸不着的非物质资产，但它同有形资产相结合，就可以相互转化并产生巨大的经济效益。三是增值性。无形资产能给家庭农场带来强大的增值功能，而且本身并无损耗。四是交易性。无形资产有其价值性而且具有交易性。五是潜在性。无形资产是在生产经营中靠自身日积月累、不断努力，经过长期提高逐渐培育出来的，如经验、技巧、人才、家庭农场精神、职工素质、家庭农场信誉等等都潜在地存在于家庭农场中。

（二）加强对无形资产的保护

由于无形资产本身的隐蔽性、非独立性等特点，很容易让人忽视无形资产的存在，也很难让人相信这些看不见、摸不着的东西能作为家庭农场的资本。面对这种状况，首先，家庭农场要树立现代资本观念，要意识到不但家庭农场商标、专利权、专有技术等是家庭农场有价值的无形资产，还要意识到一个家庭农场长期以来形成的内部协调关系、与债权债务人的合作关系、稳定的营销渠道、家庭农场所处的地理位置、税收的优惠政策等都是家庭农场有价值的无形资产；其次，要增强无形资产是家庭农场重要的经营资源的观念。世界正步入知识经济时代，以知识与技术含量为特征的无形资产在家庭农场生产经营和资本运营中将起着越来越重要的作用。我国《公司法》规定：无形资产作为资本对外投资比例可达投资总额的 20％，特殊情况下可达 50％。可见，在资本运营中无形资产具有举足轻重的地位。第三，要重视无形资产的核算和评估。一方面，家庭农场应建立无形资产管理责任制度和无形资产内部审计制度，应设立专门机构进行无形资产的全面管理；应充分关注自身无形资产的价值，加强无形资产的会计核算；应实施无形资产的监管，及时对无形资产的未来收益、经济寿命、资本化率进行评估和确认，确保无形资产的保值增值。另一方面，家庭农场应从技术手段和管理措施等多方面入手，做好无形资产保护和保密工作。

第三节　家庭农场成本与利润管理

一、家庭农场成本费用管理

成本是商品价值的组成部分。人们要进行生产经营活动或达到一定的目的，就必须耗费一定的资源（人力、物力和财力），其所费资源的货币表现及其对象化称之为成本。

（一）成本与费用的概念

成本与费用是两个不同的概念。成本一般指生产经营成本，是按照不同产品或提供劳务而归集的各项费用之和。我国现行财务制度规定，产品成本是指产品制造成本，是生产单位为生产产品或提供劳务而消耗的直接材料、直接工资、其他直接支出和制造费用的总和。费用常指生产经营费用，是家庭农场在一定时期内为进行生产经营活动而发生的各种消耗的货币表现。

成本与生产经营费用都反映家庭农场生产经营过程的耗费，生产费用的发生过程往往又是产品成本的形成过程。二者的区别在于耗费的衡量角度不同，成本是为了取得某种资源而付出的代价，是按特定对象所归集的费用，是对象化了的费用；费用是对某会计期间家庭农场所拥有或控制的资产耗费，是按会计期间归属，与一定会计期间相联系而与特定对象无关。另外，生产经营费用既包括直接费用、制造费用、还包括期间费用，产品成本只包括直接费用和制造费用。

（二）成本与费用的构成

1. 产品成本项目构成

（1）直接材料。指生产商品产品和提供劳务过程中所消耗的，直接用于产品生产，构成产品实体的原料及主要材料、外购半成品及有助于产品形成的辅助材料和其他直接材料。

（2）直接工资。指在生产产品和提供劳务过程中，直接参加产品生产的工人工资、奖金、补贴。

（3）其他直接支出。包括直接从事产品生产人员的职工福利费等。

（4）制造费用。指应由产品制造成本负担的，不能直接计入各产品成本的有关费用，主要指各生产车间管理人员的工资、奖金、津贴、补贴、福利费，生产车间房屋建筑物、机器设备等的折旧费，租赁费（不包括融资租赁费），修理费、机物料消耗、低值易耗品摊销，取暖费（降温费），水电费，办公费，差旅费，运输费，保险费，设计制图费，试验检验费，劳动保护费，修理费。

2. 期间费用项目

期间费用是指家庭农场本期发生的、不能直接或间接归入营业成本，而是直接计入当期损益的各项费用。包括销售费用、管理费用和财务费用等。

(1)销售费用。家庭农场在销售过程中所发生的费用。具体包括应由家庭农场负担的运输费、装卸费、包装费、保险费、展览费、销售佣金、委托代销手续费、广告费、租赁费和销售服务费用，专设销售机构人员工资、福利费、差旅费、办公费、折旧费、修理费、材料消耗、低值易耗品摊销及其他费用。但家庭农场内部销售部门属于行政管理部门，所发生的经费开支，不包括在销售费用之内，而应列入管理费用。

(2)管理费用。即家庭农场管理和组织生产经营活动所发生的各项费用。管理费用包括的内容较多，具体包括：公司经费，即家庭农场管理人员工资、福利费、差旅费、办公费、折旧费、修理费、物料消耗、低值易耗品摊销和其他经费；工会经费，即按职工工资总额的一定比例计提拨交给工会的经费；职工教育经费，即按职工工资总额的一定比例计提，用于职工培训学习以提高文化技术水平的费用；劳动保险费，即家庭农场支付离退休职工的退休金或按规定交纳的离退休统筹金、价格补贴、医药费或医疗保险费、退职金、病假人员工资、职工死亡丧葬补助费及抚恤费、按规定支付离休人员的其他经费；差旅费，即家庭农场董事会或最高权力机构及其成员为执行职能而发生的差旅费、会议费等；咨询费，即家庭农场向有关咨询机构进行科学技术经营管理咨询所支付的费用；审计费，即家庭农场聘请注册会计师进行查账、验资、资产评估等发生的费用；诉讼费，即家庭农场因起诉或应诉而支付的各项费用；税金，即家庭农场按规定支付的房产税、车船使用税、土地使用税、印花税等；土地使用费，即家庭农场使用土地或海域而支付的费用；土地损失补偿费，即家庭农场在生产经营过程中破坏土地而支付的土地损失补偿费；技术转让费，即家庭农场购买或使用专有技术而支付的技术转让费用；技术开发费，即家庭农场开发新产品、新技术所发生的新产品设计费、工艺规程制定费、设备调整费、原材料和半成品的试验费、技术图书资料费、未获得专项经费的中间试验费及其他有关费用；无形资产摊销，即场地使用权、工业产权及专有技术和其他无形资的摊销；递延资产摊销，即开办费和其他资产的摊销；坏账损失，即家庭农场按年末应收账款损失；业务招待费，即家庭农场为业务经营的合理需要在年销售净额一定比例之内支付的费用；其他费用，即不包括在上述项目中的其他管理费用，如绿化费、排污费等。

（3）财务费用。家庭农场为进行资金筹集等理财活动而发生的各项费用。财务费用主要包括利息净支出、汇兑净损失、金融机构手续费和其他因资金而发生的费用。利息净支出包括短期借款利息、长期借款利息、应付票据利息、票据贴现利息、应付债券利息、长期应付融资租赁款利息、长期应付引进国外设备款利息等，家庭农场银行存款获得的利息收入应冲减上述利息支出；汇率损失指家庭农场在兑换外币时因市场汇价与实际兑换汇率的不同形成的损失或收益，以脱离因汇率变动期末调整外币账户余额而形成的损失或收益，当发生收益时应冲减损失；金融机构手续费包括开出汇票的银行手续费等。

（三）家庭农场成本费用管理

加强成本费用管理，降低生产经营耗费，有利于促使家庭农场改善生产经营管理，提高经济效益，是扩大生产经营的重要条件。

1. 成本费用管理原则

(1)正确区分各种支出的性质，严格遵守成本费用开支范围。

(2)正确处理生产经营消耗同生产成果的关系，实现高产、优质、低成本的最佳组合。

(3)正确处理生产消耗同生产技术的关系，把降低成本同开展技术革新结合起来。

2. 家庭农场降低成本费用的途径与措施

(1)节约材料消耗，降低直接材料费用。车间技术检查员要按图纸、工艺、工装要求进行操作，实行首件检查，防止成批报废。车间设备员要按工艺规程规定的要求监督设备维修和使用情况，不合要求不能开工生产。供应部门材料员要按规定的品种、规格、材质实行限额发料，监督领料、补料、退料等制度的执行。生产调度人员要控制生产批量，合理下料，合理投料。车间材料费的日常控制，一般由车间材料核算员负责，要经常收集材料，分析对比，追踪原因，会同有关部门和人员提出改进措施。

(2)提高劳动生产率，降低直接人工费用。工资在成本中占有一定比重，增加工资又被认为是不可逆转的。工资与劳动定额、工时消耗、工时利用率、工人出勤率与技术熟练程度等因素有关，要减少单位产品中工资的比重，提高劳动生产率，保证工资与效益同步增长。

(3)推行定额管理，降低制造费用。制造费用项目很多，发生的情况各异。有定额的按定额控制，没有定额的按各项费用预算进行控制。各个部门、车间、班组分别由有关人员负责控制和监督，并提出改进意见。

（4）加强预算控制，降低期间费用。严格控制期间费用开支范围和开支标准，不得虚列期间费用，正确使用期间费用核算方法和结转方法。

（5）实行全面成本管理，全面降低成本费用水平。成本费用管理是一项系统工程，需要对成本形成的全过程进行管理，从产品的设计投产到产品生产、销售，都要注意降低产品成本。成本费用控制得到高层领导的支持是非常重要的，而家庭农场的日常事务，是由广大员工来执行的，他们会直接或间接的影响成本费用水平。因此，要加强宣传，使成本费用理念深入每一个员工心里。

二、家庭农场利润管理

（一）利润的概念

利润是家庭农场劳动者为社会创造的剩余产品价值的表现形式。利润是家庭农场在一定时期内，从生产经营活动中取得的总收益，按权责发生制及收入、费用配比的原则，扣除各项成本费用损失和有关税金后的净额，包括营业利润、投资净收益、补贴收入和营业外收支净额等。它表明家庭农场在一定会计期间的最终经营成果。

（二）家庭农场总利润的构成

利润总额＝营业利润＋投资净收益＋补贴收入＋营业外收入－营业外支出

（1）营业利润＝主营业务利润＋其他业务利润－管理费用－营业费用－财务费用

主营业务利润＝主营业务收入－主营业务成本－主营业务税金及附加

其他业务利润＝其他业务收入－其他业务支出

(2)净利润＝利润总额－所得税

(3)补贴收入是指家庭农场按规定实际收到退还的增值税，或按销量或工作量等依据国家规定的补助定额计算并按期给予的定额补贴，以及属于国家财政扶持的领域而给予的其他形式的补贴。

(4)营业外收入主要包括固定资产盘盈、处置固定资产净收益、处置无形资产净收益、罚款净收入等。

(5)营业外支出主要包括处置固定资产净损失、处置无形资产净损失、债务重组损失、计提的固定资产减值准备、计提的无形资产减值准备、计提的在建工程减值准备、固定资产盘亏、非常损失、罚款支出、捐赠支出等。

(三)家庭农场利润的分配

利润分配，是将家庭农场实现的净利润，按照国家财务制度规定的分配形式和分配顺序，在国家、家庭农场和投资者之间进行的分配。利润分配的过程与结果，是关系到所有者的合法权益能否得到保护，家庭农场能否长期、稳定发展的重要问题，为此，家庭农场必须加强利润分配的管理和核算。

1.利润分配的原则

(1)依法分配原则。家庭农场利润分配的对象是家庭农场缴纳所得税后的净利润，这些利润是家庭农场的权益，家庭农场有权自主分配。国家有关法律、法规如公司法等对家庭农场利润分配的基本原则、一般次序和重大比例也作了较为明确的规定，其目的是为了保障家庭农场利润分配的有序进行，维护家庭农场和所有者、债权人以及职工的合法权益，促使家庭农场增加积累，增强风险防范能力。利润分配在家庭农场内部属于重大事项，家庭农场在利润分配中必须切实执行法律、法规，对本家庭农场利润分配的原则、方法、决策程序等内容作出具体而又明确的规定。

(2)资本保全原则。资本保全是责任有限的现代家庭农场制度的基础性原则之一，家庭农场在分配中不能侵蚀资本。利润的分配是对经营中资本增值额的分配，不是对资本金的返还。按照这一原则，一般情况下，家庭农场如果存在尚未弥补的亏损，应首先弥补亏损，再进行其他分配。

(3)充分保护债权人利益原则。债权人的利益按照风险承担的顺序及其合同契约的规定，家庭农场必须在利润分配之前偿清所有债权人到期的债务，否则不能进行利润分配。同时，在利润分配之后，家庭农场还应保持一定的偿债能力，以免产生财务危机，危及家庭农场生存。

(4)利益兼顾原则。利润分配的合理与否是利益机制最终能否持续发挥作用的关键。利润分配涉及投资者、经营者、职工等多方面的利益，家庭农场必须兼顾，并尽可能地保持稳定的利润分配。在家庭农场获得稳定增长的利润后，应增加利润分配的数额或百分比。同时在积累与消费关系的处理上，家庭农场应贯彻积累优先的原则，合理确定提取盈余公积金和分配给投资者利润的比例，使利润分配真正成为促进家庭农场发展的有效手段。

2. 利润分配的程序

利润分配程序是指公司制家庭农场根据适用法律、法规或规定，对家庭农场一定期间实现的净利润进行分派必须经过的先后步骤。

根据我国《公司法》等有关规定，家庭农场当年实现的利润总额应按国家有关税法的规定作相应的调整，然后依法交纳所得税。交纳所得税后的净利润按下列顺序进行分配。

(1)弥补以前年度的亏损。按我国财务和税务制度的规定，家庭农场的年度亏损，可以由下一年度的税前利润弥补，下一年度税前利润尚不足于弥补的，可以由以后年度的利润继续弥补，但用税前利润弥补以前年度亏损的连续期限不超过 5 年。5 年内弥补不足的，用本年税后利润弥补。本年净利润加上年初未分配利润为家庭农场可供分配的利润，只有可供分配的利润大于零时，家庭农场才能进行后续分配。

(2)提取法定盈余公积金。根据《公司法》的规定，法定盈余公积金的提取比例为当年税后利润(弥补亏损后)的10%。当法定盈余公积金已达到注册资本的50%时可不再提取。法定盈余公积金可用于弥补亏损、扩大公司生产经营或转增资本，但公司用盈余公积金转增资本后，法定盈余公积金的余额不得低于转增前公司注册资本的25%。

(3)提取任意盈余公积。根据《公司法》的规定，公司从税后利润中提取法定公积金后，经股东会或者股东大会决议，还可以从税后利润中提取任意公积金。

(4)向投资者分配利润。根据《公司法》的规定，公司弥补亏损和提取公积金后所余税后利润，可以向股东(投资者)分配股利(利润)，其中有限责任公司股东按照实缴的出资比例分取红利，全体股东约定不按照出资比例分取红利的除外；股份有限公司按照股东持有的股份比例分配，但股份有限公司章程规定不按持股比例分配的除外。

根据《公司法》的规定，在公司弥补亏损和提取法定公积金之前向股东分配利润的，股东必须将违反规定分配的利润退还公司。

第四节 家庭农场经营效益评价

经营效益是指家庭农场在生产经营过程中所获得的效益，家庭农场的目的就是要提高经营效益。

一、家庭农场经营效益的含义

家庭农场经营效益是指家庭农场经营管理者在一定经营期间运用一定管理手段和技术，利用家庭农场各种资源进行产品或劳务生产经营和投资活动所取得的业绩的总和。

二、家庭农场经营效益评价指标

家庭农场经营效益评价要依赖一定的评价指标，家庭农场经营效益评价指标体系包括：

（一）家庭农场赢利能力指标

赢利是家庭农场进行一切经济行为的源动力和直接追求目标，是家庭农场经营理念，管理水平和资源配置水平的最综合体现。赢利能力是经营效益评价的核心内容，重要的指标主要有：

1. 净资产收益率

净资产收益率是指家庭农场在一定时期净利润同平均资产的比率，反映家庭农场自有资本获取净收益的能力，反映自有资产的占用和运用效益。其计算公式为：

净资产收益率＝净利润/平均净资产×100％

由于净资产收益率的高低直接受到权益负债比率、负债结构、存货占流动资产的比重、存货周转率和提高销售利润率等因素的影响，具有较强的综合性，因此，应作为反映家庭农场经营效益的核心指标来对待。

2. 成本费用利润率

成本费用利润率是指家庭农场在一定时期的利润总额同成本费用总额的比率，反映活劳动和物化劳动的总消耗效益，它通过家庭农场收益与支出的直接比较，客观说明家庭农场的获利能力。其计算公式为：

成本费用利润率＝利润总额/成本费用总额×100％

3. 销售（营业）利润率

销售利润率是衡量家庭农场销售收入的收益水平的指标。它表明家庭农场每单位销售收入能带来多少销售利润，反映家庭农场主营业务的获利能力。其计算公式为：

销售（营业）利润率（％）＝销售（营业）利润/销售（营业）收入净额×100

（二）家庭农场资产运营能力指标

家庭农场的经济行为实际上是家庭农场经营管理者有效利用家庭农场各项资产提供满足市场和社会需要的产品和劳务过程，资产运营的策略，配置结构和运营效率对家庭农场的赢利能力产生直接的影响。反映运营能力的主要指标有：

1. 总资产周转率

总资产周转率是指家庭农场一定时期销售收入净额与平均资产总额的比率，是反映家庭农场全部资产管理质量和运营效率的指标。由于总资产周转率的大小受到资产结构，流动资产周转率，应收账款周转率和存货周转率等指标值的共同影响，是一个包容性较强的综合指标，在家庭农场经营效益评价时应予以足够的重视。其计算公式为：

总资产周转率(%)＝销售(营业)收入净额/平均资产总额×100

2. 资金周转能力

家庭农场资金周转能力和产、供、销各个经营环节的运转密切相关，借助于资金周转能力的分析，可以了解家庭农场的资产经营状况。常用经济指标有：

(1)存货周转率。存货周转率是家庭农场一定时期内销货成本与平均存货的比率，是衡量家庭农场销售能力和存货是否合理的指标。其计算公式为：

存货周转率＝销货成本/平均存货

(2)应收账款周转率。应收账款周转率是家庭农场一定时期内赊销收入净额与平均应收账款余额的比率，应收账款周转率反映了家庭农场应收账款的流动速度，这一比率高，说明回收账款速度快，坏账损失少。其计算公式为：

应收账款周转率＝赊销收入净额/平均应收账款余额

(3)流动资产周转率。流动资产周转率是指家庭农场一定时期内，销售收入净额与流动资产平均总额之比，是反映家庭农场全部流动资产利用效率的综合性指标。其计算公式为：

流动资产周转率＝销售收入/流动资产平均总额

(4)不良资产率。不良资产率是指家庭农场期末不良资产总额与资产总额的比率，是反映家庭农场资产运营质量的指标。不良资产是指那些难以参加正常生产经营的家庭农场资产，主要包括 3 年以上应收款、积压品和不良投资等。其计算公式为：

不良资产率(%)＝年末不良资产总额/年末资产总额×100

(三)家庭农场偿债能力指标

市场经济条件下，由于家庭农场投资主体多元化，筹资方式多样化，家庭农场普遍采用借鸡生蛋负债经营的方式，这样家庭农场投资者不仅可以保持对家庭农场的控制权，而且可发挥负债的财务杠杆作用享受税收利益。偿债能力，可以反映家庭农场的资金雄厚程度和对债权人债权的保障程度。

1. 资产负债率

资产负债率是家庭农场一定时期内负债总额与资产总额的比率。表示家庭农场总资产中有多少是通过负债筹资的。其计算公式为：

资产负债率(%)＝负债总额/资产总额×100

资产负债率，是衡量家庭农场负债水平和风险程度的重要判断标准，也是反映债权人发放贷款的安全程度的指标。

2. 流动比率

流动比率是家庭农场一定时期流动资产与流动负债的比率。其计算公式为：

流动比率＝流动资产/流动负债

流动比率高，说明家庭农场短期负债能力强，流动资产流转的快。但是如果流动比率过高，说明家庭农场的资金利用效率低下，对家庭农场的生产经营不利。一般而言，国际上公认的标准比率为2，我国较好的比率为1.5左右。

3. 速动比率

速动比率是家庭农场一定时期速动资产与流动负债的

比率。其计算公式为：

$$速动比率＝速动资产/流动负债$$

速动比率是对流动比率的补充，该指标值越高，表明家庭农场偿还流动负债的能力越强，一般保持在 1 的水平比较好。

（四）后续发展能力指标

发展是硬道理，家庭农场只有在发展中才能不断壮大，才能在激烈的市场竞争中逐步居于优势地位。

1. 资本积累率

资本积累率是反映家庭农场当期资本积累能力和未来发展潜力的指标，是家庭农场本期所有者权益增长额与期初所有者权益的比率。其计算公式为：

$$资本积累率＝本年所有者权益增长额/年初所有者权益×100\%$$

2. 总资产增长率

总资产增长率是家庭农场本年总资产增长额同年初资产总额的比率。总资产增长率衡量家庭农场本期资产规模的增长情况。计算公式为：

$$总资产增长率（\%）＝本年总资产增长额/年初资产总额×100$$

总资产增长率从家庭农场资产总量扩张方面衡量家庭农场的发展能力，表明家庭农场规模增长水平对家庭农场发展后劲的影响。

3. 销售（营业）增长率

销售（营业）增长率是指家庭农场本年销售（营业）收入增长额同上年销售（营业）收入总额的比率。它是衡量家庭农场经营状况和市场占有能力、预测家庭农场经营业务拓展趋势的重要标志，是评价家庭农场成长情况和发展能力的重要指标。计算公式为：

销售（营业）增长率（%）＝本年销售（营业）增长额/上年销售（营业）总额×100

（五）综合指数

上述指标分别从不同的侧面反映了家庭农场经营效益。为了对家庭农场经营效益进行全面、科学地评价，以及便于进行横向和纵向比较，还必须设计一个综合评价指标。家庭农场经营效益综合指数，是以家庭农场各项经营效益指标实际数值，分别除以该项指标的全部平均值，乘以各自权数，加总后除以总权数求得。计算公式为：

家庭农场经营效益综合指数（%）＝∑（某项经营效益指标报告期数值÷该项经营指标全国标准值×该项指标权数）÷总权数×100

在计算综合指数时，各项经营效益指标的分子、分母，应按报告期末累计数或序数平均数来计算。

三、家庭农场经营效益评价方法

家庭农场比较常用的经营效益评价方法有以下几种。

(1)比较分析法。即通过指标对比，分析经济现象间的联系和差异，借以了解经济活动的成绩和问题的一种分析方法。

(2)比率分析法。即以两个互有联系的指标的比率进行对比。采用这种方法，可以把某些不同条件下的不可比指标变为可比指标，通过原指标算出新指标，获得新认识，使之具有可比性。这一方法是以事物的相互联系为基础的，即用作计算比率的两个指标，必须具有某种联系，无关的指标不能计算比率。

（3）因素分析法。即分析两个或两个以上因素对某一指标影响程度的一种方法。通常是在假定一个因素可变，其他因素为不变的前提下，逐个地替换因素，并加以计算。

（4）趋势分析法。即利用财务报表提供的数据资料，将各期实际与历史指标进行定基和环比对比，以反映家庭农场经营成果变化趋势和发展水平。采用趋势分析法，一般是将连续数期的同一财务报表资料并列一起比较；分析时可用绝对数比较，也可用相对数比较。具体内容包括增长量、发展速度、增长速度、平均发展速度、平均增长速度。

（5）综合评分法。是对家庭农场经营活动的多项指标进行综合的数量化分析的方法。其表达式为：

分析对象的综合分数 $= W_1 P + W_2 P_2 + W_3 P_3 + \cdots + W_n P_n$

式中：P_n——分析对象的第 n 个分析项目的评分；

W_n——第 n 个分析项目的权重。

第六章 家庭农场产业化经营管理

第一节 家庭农场产业化经营的内涵

一、家庭农场产业化的概念

家庭农场产业化是指以国内外市场需求为导向，以提高农业比较效益为中心，按照市场牵龙头、龙头牵基地、基地连农户的形式，优化组合各种生产要素，对区域性主导产业实行专业化生产、系列化加工、家庭农场化管理、一体化经营、社会化服务，逐步形成种养加、产供销、农工商、经教科一体化的生产经营体系，使农业走上自我积累、自我发展、自我调节的良性发展轨道，不断提高农业现代化水平的过程。

就家庭农场产业化内涵来讲，至少包括3个要件。

(1)支柱产业是家庭农场产业化的基础。

(2)骨干产业是家庭农场产业化发展的关键。

(3)商品基地是家庭农场产业化的依托。

二、家庭农场产业化经营的概念

家庭农场产业化经营也叫产业一体化经营，它是建立在农业产业劳动分工高度发达基础上的、更高层社会协作的经营方式。具体地说，它是以市场为导向，以农户经营为基础，以"龙头"家庭农场为主导，以系列化服务为手段，通过实行产供销、种养加、农工贸一体化经营，将农业再生产过程的产前、产中、产后诸环节联结为一个完整的产业系统。它是引导分散农户的小生产进入社会化大生产的一种组织形式，是多元参与主体自愿结成的利益共同体，也是市场农业的基本经营方式。家庭农场产业化经营与一般农业(家庭农场化)经营的主要区别在于：前者是由农业产业链条各个环节上多元经营主体参加的、以共同利益为纽带的一体化经营实体，在家庭农场产业化经营组织内部，农民与其他参与主体一样，地位平等，共同分享着与加工、销售环节大致相同的平均利润；而后者的经营范围只限于农业产业链中某一环节。

三、家庭农场产业化经营的特征

(一)生产专业化

专业化生产是农业生产高度社会化的主要标志。按市场需求和社会化分工，以开发、生产和经营市场消费的终端农产品为目的，实行产前、产中、产后诸环节相联接的专业化生产经营。专业化生产表现的具体形式，如区域经济专业化、农产品商品生产基地专业化、部门(行业)专业化、生产工艺专业化等。

(二)布局区域化

产业化按照区域比较优势原则，突破行政区划的界限，确定区域主导产业和优势产品，通过调整农产品结构，安排商品生产基地布局，实行连片开发，形成有特色的作物带(区)和动物饲养带(区)。将一家一户的分散种养,联合成千家万户的规模经营,形成了区域生产的规模化,以充分发挥区域资源比较优势,实现资源的优化配置。

(三)经营一体化

以市场需求为导向,选择并围绕某一主导产业或主导产品,按产业链进行开发,将农业的产前、产中、产后各个环节有机结合起来,实现贸工农、产加销一体化,使外部经营内部化,从而降低交易成本,提高农业的比较收益。

(四)服务社会化

通过合同(契约)形式对参与产业链的农户或其他经济主体提供生产资料、资金、信息、科技,以及加工、储运、销售等诸环节的全程系列化服务,实现资源共享,优势互补,联动发展。

四、家庭农场产业化经营的模式

从经营内容、参与主体和一体化程度上看,家庭农场产业化经营模式,根据龙头家庭农场和所带动的参与者的不同,具体可分5种类型:

(一)"龙头"家庭农场带动型:公司+基地+农户

它是以公司或集团家庭农场为主导,以农产品加工、运销家庭农场为龙头,重点围绕一种或几种产品的生产、销售,与生产基地和农户实行有机的联合,进行一体化经营,形成"风险共担、利益共享"的利益共同体。这种类型特别适合在资金或技术密集、市场风险大、专业化程度高的生产领域内发展。

（二）合作经济组织带动型：专业合作社或专业协会＋农户

它是由农民自办或政府引导兴办的各种专业合作社、专业技术协会，以组织产前、产中、产后诸环节的服务为纽带，联系广大农户，而形成种养加、产供销一体化的利益共同体。这种组织具有明显的群众性、专业性、互利性和自助性等特点，实行民办、民管、民受益三原则，成为家庭农场产业化经营的一种重要类型。

（三）中介组织带动型："农产联"＋家庭农场＋农户

这是一种松散协调型的行业协会组织模式。即以各种中介组织（包括农业专业合作社、供销社、技术协会、销售协会等合作或协作性组织）为纽带，组织产前、产中、产后全方位服务，使众多分散的小规模生产经营者联合起来，形成统一的、较大规模的经营群体。这种模式的中介组织——行业协会，如山东省农产品加工销售联席协会——简称"农产联"，在功能上近似于"欧佩克"组织。其作用就是沟通信息、协调关系和合作开发国内外市场。

（四）主导产业带动型：主导产业＋农户

从利用当地资源优势、培育特色产业入手，发展一乡一业、一村一品，逐步扩大经营规模，提高产品档次，组织产业群，延伸产业链，形成区域性主导产业，以其连带效应带动区域经济发展。如江苏射阳洋马的中药材产业。

（五）市场带动型：专业市场＋农户

这里指以专业市场或专业交易中心为依托，拓宽商品流通渠道，带动区域专业化生产，实行产加销一体化经营。该模式的特点：通过专业市场与生产基地或农户直接沟通，以合同形式或联合形式，将农户纳入市场体系，从而做到一个市场带动一个支柱产业，一个支柱产业带动千家万户，形成一个专业化区域经济发展带。如山东省寿光县"以蔬菜批发市场为龙头带动蔬菜生产基地的一体化经营模式"是这种类型的典型代表。

以上类型的划分是相对的，它们在不同程度上，促进了农业各生产要素的优化组合、产业结构的合理调整、城乡之间的优势互补和系统内部的利益平衡。家庭农场产业化经营是一场真正意义上的农村产业革命，从根本上打破了我国长期实行的城乡二元经济结构模式，构建起崭新的现代农村社会经济结构模式，弱化乃至消除了城乡间的结构性差别，真正做到城乡间、工农间的平等交换，是我国市场农业发展的必由之路。

第二节　家庭农场产业化经营运行机制

家庭农场产业化经营组织的运行机制，是指组成家庭农场产业化组织系统的各构成要素之间相互联系、相互制约，共同推进家庭农场产业化经营运转的条件和功能。它包括风险规避机制、利益协调机制和营运约束机制等。

一、风险规避机制

风险规避机制是家庭农场产业化经营组织就如何抵御自然风险、市场风险等问题，在各利益主体意见协调一致的基础上，事先达成的解决问题的程序安排和措施体系。对于自然风险，家庭农场产业化组织中的各利益主体应根据组织契约，按规定分担因自然灾害因素导致的经营损失。对于市场风险，家庭农场产业化组织中的各利益主体在遵守契约的基础上还应坚守信用原则，各利益主体间的合作应着眼于长远利，而不作短视考虑。缺乏信用的合作，纵然有再完备的契约，也将是无效率的。

二、利益协调机制

利益协调机制是家庭农场产业化经营组织运行的根本保障，是反映农业产业一体化程度的重要标志，在整个产业化运行中处于关键地位。该机制的核心是利益机制也称利益分配机制。

（一）利益机制的类型

1. 资产整合型

主要表现在一些家庭农场集团或家庭农场，即龙头家庭农场以股份合作制或股份制的形式，与农户结成利益共同体。农民以资金、土地、设备、技术等要素入股，在龙头家庭农场中拥有股份，并参与经营管理和监督。在双方签订的合同中，明确规定农民应提供农产品的数量、质量、价格等条款，农民按股分红。这种机制，一方面使家庭农场与农民组合成新的市场主体，农民以股东身份分享家庭农场的部分利润；另一方面家庭农场资产得以重新组合，提高了家庭农场的资产整合效率；同时，对双方都有严格的经济约束，主要是合同（契约）约束和市场约束。

2. 利润返还型

"龙头"经营组织和农户之间签有合同，确定农户提供农产品的数量、质量和收购价格，以及"龙头"经营组织应按合同价格和返利标准，把加工、营销环节上的一部分利润返还给农户。有的"龙头"组织还注意扶持基地、反哺农业。

3. 合作经营型

其组织形式有以下几种。

①由农户之间按某种专业需要自愿组织的联合体；

②由不同地区、不同部门、不同所有制单位同农户从多方面组成的专业化服务公司；

③由国营或集体商业、供销、资金、技术、信息等专业性服务与农户结成的利益共同体。

4. 中介服务型

家庭农场通过中介组织，在某一产品的经济再生产合作过程的各个环节上，实行跨区域联合经营，生产要素大跨度优化组合，实行生产、加工、销售相联结的一体化经营。这些中介组织有的是行业协会，有的是科技、信息、流通某一方面专业性较强的服务组织。这类中介服务组织与农户作为各自独立的经营者和利益主体，按照市场交换的原则发生经济联系，并以合同契约确定权、责、利关系。中介组织通过各种低价和无偿服务为农户提供产前、产中、产后的服务，如提供种子、种苗、防疫、储藏、运输、技术、信息等服务；还有的在协调关系、合作开发等方面发挥主动作用。

5. 价格保护型

在一体化经营中，龙头家庭农场以保护价收购农户的产品，并以此与农户建立稳定的合同关系。保护价格按市场平均价格标准合理制定，当市场价低于保护价时，家庭农场按合同规定以保护价收购农产品；有时家庭农场提高收购价收购农产品，以保护原料生产者的利益，在家庭农场可承受的范围内，通过这种方式让利于农民。这种机制，一方面解决了农产品"卖难"的问题，另一方面又为家庭农场建立了可靠的基地。

6. 市场交易型

即家庭农场通过纯粹的市场活动对农产品进行收购，与农户不签订合同，而是自由买卖，价格随行就市。这主要是解决了农户的"卖难"问题，对农业生产起到促进作用。另外，通过市场跨区域实现的产销关系，往往比家庭农场与当地农户直接联系的交易费用低，购销有保障，能保持长期稳定，更利于同农户结成利益共同体，大幅度提高交易量。

(二)利益机制的构建原则

1. 产权清晰原则

市场交易，实质上是一种产权交易行为。产权以其法定的收益为经济主体提供行为激励，又以其合法权益的界限提供行为的约束和规范。

2. 农户主体地位原则

家庭承包制创新，确立了家庭农场经营的主体地位，2.4亿农户成了我国农业发展的微观组织基础。而家庭农场产业化经营的利益机制形成，一开始就是以农户作为生产经营主体的。"龙头"组织和农户结成的经济共同体，实质是扩大了的农民主体，是众多农户利益结合的体现。

3. 风险共担、利益均沾原则

家庭农场产业化把农业与其相关联产业经营主体的利益联系在一起，实行风险共担、利益均沾、共生共长这一利益机制，把大量的市场交易整合到一体化组织中，推动农业与其关联产业在更高层次上的分工协作和共同发展，给各参与主体带来利益的更快增长。合理的利益机制，要求"龙头"经营组织与农户建立一种互惠互利的、权利与义务对称的利益关系。风险分担是参与者的责任，利益均沾是经营者的正当权益。

4. 市场导向原则

实践证明，只有市场经济体制才能为家庭农场产业化提供广阔的制度选择空间，促使其在市场组织制度结构中的合理定位。相对而言，市场具有较强的资源配置功能、激励约束功能和组织制度定位功能，特别是市场机制公平、公正、公开的内在属性促进人们有效竞争与合作。只有以市场为导向的利益机制，才能有效地推动家庭农场生产经营活动的顺利进行，实现利润最大化。

(三)利益分配的方式

1. 以合同为纽带的利益分配方式

常见的以合同为纽带的利益分配方式有以下 3 种。

(1)合同保证价格。合同保证价格是家庭农场产业化经营组织内部的非市场价格，一般按"预测成本＋最低利润"求得。合同保证价格比市场价格相对稳定，对提供初级产品的农户来说能起到保护性利益分配的作用。

(2)合同保护价格。合同保护价格由"完全成本＋合理利润"构成，是龙头家庭农场与农户相互协商，按一定标准核定的对农户具有较强保护功能的最低基准收购价格。合同中规定，当市场价高于保护价时，按市场价收购产品；当市场价低于保护价时，按保护价收购产品。

(3)按交易额返还利润。这是合作社经济组织的利益分配机制。一般指龙头家庭农场或中介组织按照参与主体交售产品的数额，将部分利润返还给签约基地和农户。

2. 以生产要素契约为纽带的利益分配方式

常见的以生产要素契约为纽带的利益分配方式有以下4种。

(1)租赁方式。家庭农场(或开发集团)与农户之间签订租赁土地、水域等生产资料合同，在租期内家庭农场向租让生产资料农户支付租金。

(2)补偿贸易。即由家庭农场向生产基地或农户提供生产建设资金，基地或农户提供生产资料和劳动力，并将所生产的农副产品按市场价或协议价，直接供应给投资家庭农场，以产品货款抵偿家庭农场的投入资金，直到投入资金全部抵付完毕，联合协议终止。

(3)股份合作。股份合作是以资金、技术、劳动等生产要素，共同入股为纽带的一种利益分配方式。它较好地体现了按要素分配的原则，组合成新的生产力，在开发性家庭农场产业化经营项目和多边联合的情况下较为适用。

(4)内部价加二次分配。指在农业综合性经营家庭农场中，家庭农场先以内部价格对提供初级产品单位进行第一次结算；然后在产品加工销售后，再将所得的净利润按一定比例在家庭农场各环节进行第二次分配。二次分配可起到调节农、工、贸各环节利润水平的杠杆作用，以形成各环节间的平均利润率。

三、运营约束机制

运营约束机制是指通过一定的方式对各个经济主体行

为进行规范，以提高产业组织的整体功能、效率功能和抗风险功能。家庭农场产业化必须以国家相关的法律、参与者之间的合同和契约来规定各自的权利与义务，约束各方的行为，强调法律法规的硬约束，同时要充分发挥集体经济"统"的功能，重视传统的乡规民约等非正式制度因素，协调多方利益，约束各方的行为。

第七章　家庭农场的扶持政策

根据国家最新政策精神，对家庭农场的发展必须加大政策扶持力度，农民专业合作社享有的优惠政策，符合相关条件的家庭农场也同等享受。现有的农业农村扶持政策主要有以下内容。

第一节　生产类、建设类的扶持政策

一、生产类政策

(一)粮食生产补贴

1. 粮食直补

是国家从 2004 年起在全国范围内将补贴在粮食流通环节的资金拿出一部分直接补贴给种粮农民的惠农政策。直接补贴的标准，按照能够补偿粮食生产成本并使种粮农民获得适当收益，有利于调动农民种粮积极性、促进粮食生产的原则确定。直接补贴办法可以按粮食种植面积补贴，可以与种粮农民出售的商品粮数量挂钩。按照公开、公平、公正的原则，把对种粮农民直接补贴的计算依据、补贴标准、补贴金额逐级落实到每个农户，并张榜公布，接受农民监督。

粮食直接补贴具体实施方案由省级人民政府制定。浙江省2013年粮食直补政策规定：对全年稻麦种植面积20亩以上的种粮大户(含经县级农业部门审查认定，报省、市农业部门备案的规范化粮食专业合作社以及杂交稻制种基地农户)，按稻麦实际种植面积给予每亩30元的直接补贴，其中省财政承担25元，市、县(市、区)财政承担5元。对种植油菜面积5亩及以上的农户，省财政按实际种植面积给予每亩20元的直接补贴。

2. 粮食最低价格收购

国家为保护农民利益、保障粮食市场供应，在粮食主产区执行规定具体的粮食品种和最低收购价格的政策，由国家发改委公布收购的粮食品种和最低价格，有关粮食产区的省级人民政府执行，不是全国统一执行的政策。最低收购价格一年一定，2013年浙江省粮食最低收购价为：中、晚籼稻每50千克135元，粳稻每50千克150元(国标三等)，等级差价按国家有关规定确定。

3. 农资综合直补

国家为弥补种粮农民因柴油、化肥、农药、农膜等农资价格上涨带来的生产成本增加而实行的一种直接补贴政策。农资综合直补资金由中央财政安排，原则上按照种粮面积核定金额兑补，具体由省级人民政府根据本地实际情况确定。浙江省平均补贴标准每年每亩40元。农资综合直补资金由县级财政部门通过中国农民补贴网，采取"一卡通"或"一折通"等形式将补贴资金直接支付到户，农民可带居民身份证和"一卡通"或"一折通"到信用社领取。

4. 旱粮种植直接补贴政策

浙江省财政对在经省、市、县(市、区)农业部门认定的旱粮生产基地(冬闲水田和旱地连片 100 亩以上)内种植玉米、番薯、马铃薯、大豆、蚕豆、豌豆、杂豆、高粱、荞麦的种植者(大户、农民专业合作社、家庭农场),从 2013 年开始按种植土地面积给予每亩 125 元的直接补贴;对在果园、桑园和幼疏林地间作套种同一旱粮作物 100 亩以上的种植者(大户、农民专业合作社、家庭农场)给予每亩 20 元的直接补贴。继续执行国家和省里出台的大小麦生产扶持政策;2014 年省里在杭州市、湖州市、嘉兴市、绍兴市、台州市安排一定数量的省级小麦储备订单,对按订单交售小麦的农户给予每 50 千克 30 元的奖励,每亩最高奖励 150 元,并视政策实施效果逐步调整订单数量、发放范围和奖励标准;各地都应根据实际出台订单小麦奖励政策,并按"谁用粮、谁出钱"的原则,落实奖励资金。

5. 产粮大县补贴

为确保国家粮食安全,促进我国粮食、油料生产发展,逐步缓解产粮(油)大县财政困难,调动地方政府抓好粮食、油料生产的积极性,2005 年财政实行对产粮大县的奖励政策。农民可以通过国家对产粮大县的奖励资金,得到种粮的补贴。浙江省实行订单农业奖励政策,省财政对按订单向国有粮食收储家庭农场交售省级储备早稻谷(包括订单交售水稻种子)的种粮农户给予奖励,种粮大户、粮食专业合作社社员按订单每交售 50 千克早稻谷奖励 30 元,每亩最高奖励 240 元;其他农户按订单每交售 50 千克早稻谷奖励 20 元,每亩最高奖励 160 元;适当提高订单杂交稻种子奖励标准,订单水稻种子制种基地农户每交售 50 千克杂交水稻种子奖励 100 元,每亩最高奖励 300 元;每交售 50 千克常规水稻种子奖励 30 元,每亩最高奖励 240 元。

（二）农作物良种补贴

农作物良种是指经国家或省级农作物品种审定委员会审定，适合推广应用，符合农业生产需要和市场前景较好的农作物品种。财政补贴的农作物品种包括水稻、小麦、玉米、大豆、油菜、棉花和国家确定的其他农作物品种。良种补贴标准为：早稻、小麦、玉米、大豆和油菜每亩10元，中稻、晚稻和棉花每亩15元。水稻、玉米、油菜采用现金直接补贴方式。良种补贴标准如有调整则按新标准执行。

良种补贴资金的补贴对象是在农业生产中使用农作物良种的农民。

良种补贴范围是国家规定补贴品种的种植区域。良种补贴资金发放实行村级公示制，公示的内容包括农户良种补贴面积、补贴品种、补贴标准、补贴资金数额等。乡镇级农业管理机构、财政所组织村级公示，公示时间不少于7天。公示期间，听取农民群众的意见，接受群众监督，发现问题及时纠正。

（三）测土配方施肥和病虫害防治补贴

1. 测土配方施肥补贴

为了促进农民能够科学合理地用肥、施肥，减少农民盲目施肥和过量用肥，提高肥料的利用效果，2005年起，国家安排专项资金对项目县进行测土配方施肥补贴政策。国家安排的测土配方施肥专项资金是补贴给承担测土配方施肥任务的农业技术推广机构和加工配方肥料的家庭农场，补贴用于测土、配方、配肥等环节所发生的费用和土壤采样、分析、化验、配肥设备购置费。农民请农业技术推广机构和加工配方肥料的家庭农场进行测土、配方全部免费服务。农民不能享受财政测土配方施肥补贴。

2. 病虫害防治补贴

农区发生的传染性强、对农业生产造成严重损失的重大病虫害，可以得到中央财政农作物病虫害防治专项资金补助。病虫害防治专项补助资金用于防治所需农药、机动喷雾(烟)机、燃油、雇工和劳动保护用品支出的补助。一般不直接补助给农民。

(四)现代农业生产补贴

中央财政现代农业生产发展资金通过地方各级财政部门，采取贷款贴息、以奖代补、以物代资、先建后补等多种形式支持各地优势特色农业发展，促进粮食等主要农产品有效供给和农民增收。中央财政现代农业生产发展资金围绕粮食等优势主导产业，进行重点支持。各省财政部门根据中央财政下发的立项指南和资金控制规模，结合当地现代农业发展实际，会同同级相关部门，自主确定资金使用的方向和支持的重点环节，编制立项和资金申请报告，并附项目实施方案报财政部备案。浙江省重点扶持粮油、蔬菜、茶叶、果品、畜牧、水产养殖、竹木、花卉苗木、蚕桑、食用菌、中药材等。

县级财政部门会同农业等有关部门，根据省下发的立项指南和资金控制指标，结合当地现代农业发展目标和总体规划，选择重点支持环节，落实项目实施单位，按照立项和资金申请报告的要求，编写产业发展项目实施方案，联合上报省财政和省农业部门。地方财政部门对农业龙头家庭农场的支持，必须遵循以农民为受益主体的原则，只对直接带动农民增收的农产品生产基地的生产环节给予支持，单个农业生产龙头家庭农场支持额度超过 100 万元的，必须在项目实施方案中单独列示资金补助方式及资金的具体用途。

（五）林业补贴

1. 公益林补贴

中央财政设立森林生态效益补偿基金用于公益林的营造、抚育、保护和管理。公益林中央财政补偿基金的补偿标准为每年每亩 5 元，其中，4.75 元用于国有林业单位、集体和个人的管护等开支，0.25 元用于省级林业部门组织开展的重点公益林管护情况检查验收、跨重点公益林区域开设防火隔离带等森林火灾预防，以及维护林区道路的开支。

2. 退耕还林补助

对现行退耕还林粮食和生活费补助期满后，中央财政安排资金，继续对退耕农户给予适当的现金补助，解决退耕农户当前生活困难。补助标准为每亩退耕地每年补助现金 105 元；原每亩退耕地每年 20 元生活补助费，继续直接补助给退耕农户，并与管护任务挂钩。补助期为：还生态林补助 8 年，还经济林补助 5 年，还草补助 2 年。根据验收结果，兑现补助资金。各地可结合本地实际，在国家规定的补助标准基础上，再适当提高补助标准。

（六）农业科技推广示范项目补贴

农业科技推广示范项目专项资金主要补助应用农业科技手段，推广新技术发展农业生产，增加农民收入和社会效益，具有起示范推动作用的项目。包括：农作物、畜禽、水产品优良新品种繁育与农业高效高产技术项目；农产品加工、保鲜技术项目；重大动植物病虫防治技术项目；农业资源综合开发利用技术项目；节水农业和农业生态环境保护技术项目；适用农机和农业信息化技术项目等。

农业科技推广示范项目实施单位应有承担项目研究与推广的技术和经济能力，规定农业技术研究推广机构、家庭农场、农民合作经济组织、行政村可以成为申报补助的主体，申请财政专项资金的补助，农民个人不能单独申请农业科技推广示范项目专项资金。

项目实施单位在申报农业科技推广示范项目时，要具有下列目标要求。

（1）示范项目要与当地农业结构战略性调整、农业可持续发展、增加农民收入和推动家庭农场产业化经营相结合。

（2）体现区位优势。按照合理区域布局要求，确定开展技术示范的主导产业。

（3）形成示范能力。项目建设后，项目区生产设施、生态环境和技术推广应用条件要有明显改善，具备开展技术示范的能力。

（4）示范推广先进实用技术。要依托农业科技部门，进行农业新品种、新技术、农业标准化生产的示范推广。

二、建 设 类 政 策

（一）农业综合开发补助

1. 产业化经营财政补助

财政补助资金使用范围为：一是种植基地项目，主要用于种苗繁育、经济林及设施农业种植基地所需的灌排设施、农用道路、输变电设备及温室大棚、质量检测设施，新品种、新技术的引进、示范及培训等；二是养殖基地项目，主要用于种畜禽和水产种苗繁育及畜禽和水产养殖基地所需的基础设施、疫病防疫设施、废弃物处理及隔离环保设施、质量检测设施，新品种、新技术的引进、示范及培训等；三是农产品加工项目，主要用于与技术改造、产品升级和废弃污染物综合利用等相配套的设施设备，质量检验设施，卫生防疫及动植物检疫设施，引进新品种、新技术，对农户进行培训等；四是储藏保鲜、产地批发市场项目，主要用于农副产品市场信息平台设施，交易场所、仓储、保鲜冷藏设施，产品质量检测设施，卫生防疫与动植物检疫设施，废弃物配套处理设施等。

家庭农场产业化经营项目由农业龙头家庭农场和农民专业合作社申报和组织实施。农民个人不能单独申报家庭农场产业化经营项目。项目的补助标准为：农民专业合作社项目中央财政补助资金规模为 50 万～100 万元。省财政资金按中央财政资金的 80% 比例配套。市、县（市、区）财政按政策规定落实配套资金。项目单位按政策规定落实相应的自筹资金投入，其中，农民专业合作社自筹资金不低于所扶持财政补助资金总额的 50%。

农民专业合作社要成为家庭农场产业化经营项目实施单位，应具备下列条件。

①一般为 2011 年 12 月 31 日以前在工商部门登记注册，取得法人资格。

②合作社法人具有良好社会形象和诚信记录，具备相应的项目建设和经营管理能力。

③符合《农民专业合作社法》有关规定，产权明晰，章

程规范，运行机制合理，盈余返还。

④经营状况良好，实力较强，财务管理比较规范，净资产不低于申请财政补助资金总额的50％。

⑤运营规范，农户社员规模较大，示范带动作用强。

2. 农业综合开发财政贴息

符合规定的家庭农场产业化龙头家庭农场和农民专业合作社实施的农业综合开发产业化经营项目，从国有商业银行、股份制商业银行、城市商业银行、农村信用合作社等金融机构的银行贷款利息，包括固定资产贷款和季节性收购农副产品流动资金贷款利息，可以得到农业综合开发中央财政贴息资金支持。

项目单位申请贴息资金时，应当提交银行贷款合同、贷款到位凭证、贷款银行出具的利息结算清单等原始凭证及复印件，并填报《农业综合开发中央财政贴息资金申请表》和《农业综合开发中央财政贴息项目申请表》，向所在地财政部门提出贷款贴息申请。

（二）农田水利建设补贴

1. 小型农田水利建设补助

小型农田水利建设补助资金，简称小农水资金，是指由中央财政预算安排的，采用"民办公助"方式，支持农户、农民用水合作组织、村组集体和其他农民专业合作经济组织等，开展小型农田水利设施建设的补助资金。主要用于支持重点县建设和专项工程建设两个方面。专项工程建设方面重点支持雨水集蓄利用、高效节水灌溉、小型水源建设，以及渠道、机电泵站等其他小型农田水利设施修复、配套和改造。资金安排上实行"民办公助"政策，财政只对建设项目的材料费、设备费、施工机械作业费等给予补助。

2.节水灌溉财政贴息

节水灌溉贷款中央财政贴息资金主要用于各类银行（含农村信用社）发放的渠道防渗灌溉、管道输水灌溉、喷灌、微灌等节水灌溉工程及相配套的节水灌溉措施，节水灌溉水源工程及相配套的设施设备，集雨节灌等节水灌溉项目建设银行贷款的利息补助。具有还款能力的地方水管单位、农户、农民合作组织、村组集体等，都可以按规定要求申请节水灌溉贷款贴息。

第二节 流通类、专项类的扶持政策

一、流通类扶持政策

(一)畜牧业补贴

1.生猪标准化养殖补助

生猪标准化养殖项目财政补助资金主要支持建设粪便污染处理，猪舍标准化改造，水、电、路、防疫等配套设施建设。

项目申请单位的条件如下。

①实行人畜分离、集中饲养、封闭管理。

②符合乡镇土地利用总体规划，不在法律法规规定的禁养区内。

③经改造后猪粪污染集中处理、达标排放，实行饲养标准化。

④优先支持农民专业合作组织的规模养殖场(小区)。

同时，年出栏500吨以上的标准化规模养殖场可根据相关部门的要求申请补助。

2. 畜牧业综合优惠

具体有以下几项。

①动物疫病强制免疫。国家对高致病性禽流感、牲畜口蹄疫、高致病性蓝耳病、猪瘟 4 种动物疫病病种，在每年春季、秋季开展两次强制免疫，平时根据补栏情况随时补免。规模饲养场户在兽医部门指导下由本场技术人员进行，农户分散饲养的畜禽由村级防疫员上门服务。

②动物强制免疫疫苗费用。动物强制免疫疫苗由政府免费提供，兽医部门负责供应，养殖场或养殖户不用付费。免疫后发放免疫证明，对猪、牛、羊佩戴耳标，也不收取任何费用。强制免疫疫苗经费全部由中央财政和地方各级财政承担。

③禽流感防治费用。根据地区差异和各地财政状况，中央财政对不同地区禽流感防治实行差别补助政策。禽流感疫苗经费按鸡 0.5 毫升/只、鸭鹅 1 毫升/只，其他禽类按实际使用疫苗数量计算。疫苗价格暂按 0.2 元/毫升计算。强制免疫疫苗费用全部由国家负担，非强制免疫所需疫苗经费，由国家负担 50%，养殖户负担 50%。禽流感扑杀补助经费由中央财政与地方财政负担，扑杀补助标准为：鸡、鸭、鹅等禽类每只补助 10 元，各地可根据实际情况对不同禽类和幼禽、成禽的补助有所区别。

④动物疫病预防、控制和扑杀补偿。养殖场或养殖户因动物疫病预防和控制、扑杀的需要，被政府强制扑杀的动物、销毁的动物产品和相关物品所造成的损失，由县级以上人民政府给予补偿，中央财政一般补偿 60%，地方财政补偿 40%。各地具体补偿标准不完全一致。

3. 能繁母猪补贴

能繁母猪补贴程序是：乡镇现场调查，县（市、区）汇总核查并经分类公示无异议后，上报省农业厅、财政厅。经省农、财两厅核实无误后，财政厅将省级补贴资金下拨各县（市、区）财政部门，然后由各县（市、区）财政部门对外张榜公示，并经县财政部门会同有关部门核实后将省级补贴资金与县配套资金，通过"一卡通"等结算方式直接兑现到农户（场）。

养殖户将能繁母猪参与商业保险，每头能繁母猪交保费60元，其中，中央及地方政府负担48元，养殖户自负12元。能繁母猪保险后，发生洪水、台风、暴雨、雷击等自然灾害，蓝耳病、猪瘟、猪链球菌、口蹄疫等重大病害及泥石流、山体滑坡、火灾、建筑物倒塌等意外事故，保户能获最高赔偿每头1 000元。

（二）鲜活农产品"绿色通道"补贴

驾驶员驾驶装载运输鲜活农产品的车辆经过收费站时，应走标有统一指路标志的"绿色通道"专用道口，并出示《绿色通道通行证》。装载鲜活农产品的车辆在"绿色通道"上行驶免费通行要符合下列条件。

（1）装载的是《鲜活农产品品种目录》内的鲜活农产品。

（2）整车全部装载鲜活农产品，即装载鲜活农产品应占车辆核定载重量或车厢容积的80%以上，且没有与非鲜活农产品混装等行为。

鲜活农产品是指新鲜蔬菜、水果，鲜活水产品，活的畜禽，新鲜的肉、蛋、奶等。畜禽、水产品、瓜果、蔬菜、肉、蛋、奶等的深加工产品，以及花、草、苗木、粮食等不属于鲜活农产品范围，不适用"绿色通道"运输政策。

（三）油价补贴

国务院于 2008 年决定实施石油价格和税费改革后，从 2009 年起对于种粮农民因当年成品油价格变动引起的农民种粮增支，继续纳入农资综合直补政策统筹考虑给予补贴，对种粮农民综合直补只增不减。

当国家确定的成品油出厂价，高于 2006 年成品油价格改革时的分品种成品油出厂价（汽油 4 400 元/吨、柴油 3 870 元/吨）时，才给予油价补贴，低于上述价格时，停止补贴。种粮农民补贴，实行考虑柴油、化肥等生产资料涨价因素的综合直补办法解决，油价补贴包含在农业综合直补中，不单独补贴。

二、专项类扶持政策

（一）支持农民专业合作组织

1. 合作社扶持政策

农民专业合作社享有下列扶持政策：国家支持发展农业和农村经济的建设项目，可以委托和安排有条件的农民专业合作社实施；中央和地方财政应当分别安排资金，支持农民专业合作社开展信息、培训、农产品质量标准与认证、农业生产基础设施建设、市场营销和技术推广等服务。对民族地区、边远地区和贫困地区的农民专业合作社和生产国家与社会急需的重要农产品的农民专业合作社给予优先扶持；国家政策性金融机构应当采取多种形式，为农民专业合作社提供多渠道的资金支持，具体支持政策由国务院规定。国家鼓励商业性金融机构采取多种形式，为农民专业合作社提供金融服务；农民专业合作社享受国家规定的对农业生产、加工、流通、服务和其他涉农经济活动相应的税收优惠。支持农民专业合作社发展的其他税收优惠政策，由国务院规定。

2. 财政支持政策

农民专业合作组织在下列几方面可以享受财政支持：引进新品种和推广新技术；雇请专家、技术人员提供专业技术服务；对合作组织成员开展专业技术、管理培训和提供信息服务；组织标准化生产；农产品粗加工、整理、储存和保鲜；获得认证、品牌培育、营销和行业维权等服务；改善服务手段和提高管理水平的其他服务。

符合享受财政支持政策条件的农民专业合作组织，根据财政部门的要求，准备申报材料，向所在地县级财政部门提出书面申请，具体申报手续，按县级财政部门的有关规定办理。县级财政部门按照中央和省级财政部门的补助政策规定，在取得项目验收合格，报经批准后，将补助款拨付给农民专业合作组织。农民专业合作组织接受中央财政农民专业合作组织发展资金所形成的资产归农民专业合作组织成员共同所有，由农民专业合作组织监事会监督。

3. 办理登记和无公害农产品认证费用

当地工商行政管理部门对农民专业合作社实行全面免费登记；取消农民专业合作社设立登记费、变更登记费，取消对农民专业合作社的年度检验。

国家鼓励和支持农民专业合作社申报无公害农产品、绿色食品和有机食品，开展农产品质量和环境认证，推进农业标准化。国家从事无公害农产品产地认定部门和产品

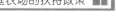

认证机构对农民专业合作组织申报无公害农产品认证不收费。检测机构的检测标志按国家规定收取费用。

4. 合作社的税收优惠政策

依照《中华人民共和国农民专业合作社法》设立和登记的农民专业合作社可以享受四项税收优惠政策，并从2008年7月1日起执行。

①对农民专业合作社销售本社成员生产的农业产品，视同农业生产者销售自产农产品免征增值税。但是，农民专业合作社销售外购农产品，以及外购农产品生产、加工后销售虽属列举的农产品，但不属免税范围，应照章征收增值税。

②增值税一般纳税人从农民专业合作社购进的免税农产品，可按13％的扣除率计算抵扣增值税进项税额。这里规定购进的是农民专业合作社销售的"免税农产品"，其他农产品或商品则必须按照现行增值税法规定计算抵扣。

③对农民专业合作社向本社成员销售的农膜、种子、种苗、化肥、农药、农机，免征增值税。

④对农民专业合作社与本社社员签订的农产品和农业生产资料购销合同，免征印花税。

农民专业合作社其他税收优惠，按照税收管理权限，根据各地情况确定。如浙江省规定：对农民专业合作社销售社员生产和初加工农产品，视同农户自产自销，暂不征收个人所得税；对农民专业合作社的经营用房，免征房产税和城镇土地使用税；对农民专业合作社所属，用于进行农产品加工的生产经营用房，按规定缴纳房产税和城镇土地使用税确有困难的，可报经地税部门批准，给予免征房产税和城镇土地使用税的照顾；对农民专业合作社的经营收入，免征水利建设专项资金；对农民专业合作社，暂不征收残疾人就业保障金。

（二）农业税收优惠

1. 废止的农业税收政策

国家为了减轻农民负担，让农民得到真正的实惠，废止了相关税收政策：种粮农民自 2006 年 1 月 1 日起，不再缴纳农业税；2006 年 2 月 17 日后农民销售自产的农业特产收入不用再缴纳农特产税；农民屠宰自养的猪、牛、羊等不用再缴纳屠宰税。

2. 农业服务收入免税范围

农民从事农业机耕、排灌、病虫害防治、植物保护、农牧保险以及相关技术培训业务收入，家禽、牲畜、水生动物的配种和疾病防治收入，免征营业税。同时，国家规定，纳税人单独提供林木管护劳务行为的收入中，属于提供农业机耕、排灌、病虫害防治、植保劳务取得的收入，免征营业税。

3. 经营项目免税范围

按照规定，家庭农场从事农、林、牧、渔业项目经营所得可以免征、减征家庭农场所得税。

①家庭农场从事蔬菜、谷物、薯类、油料、豆类、棉花、麻类、糖类、水果、坚果的种植，中药材的种植，林木的培育和种植，牲畜、家禽的饲养，农作物新品种的选育，林产品的采集，灌溉、农产品初加工、兽医、农技推广、农机作业和维修等农、林、牧、渔服务业项目，远洋捕捞项目的所得，免征家庭农场所得税。

农产品初加工按规定，自 2008 年 1 月 1 日开始执行，包括种植业、畜牧业、渔业等三大类，列举粮食初加工等30多项农产品初加工类别，涉及若干个产品200多道工艺流程。

②家庭农场从事花卉、茶以及其他饮料作物和香料作物的种植、海水养殖、内陆养殖项目的所得，减半征收家庭农场所得税。

(三)农业保险补贴

1. 种植业保险

提供保费补贴的大宗农作物包括玉米、水稻、小麦、棉花、大豆、花生、油菜等油料作物以及根据国务院有关文件精神确定的其他农作物。在上述补贴险种以外，财政部提供保费补贴的地区可根据本地财力状况和农业特色，自主选择其他种植业险种予以支持。享受财政种植业保险保费补贴要符合两个基本条件：一是种植的农民要在财政确定的补贴区域内种植农作物；二是农民种植的农作物是财政指定的保费补贴品种。保险区域以外的或财政补贴品种以外的农作物保险保费不能享受财政补贴。

农民参加保险，对于补贴险种，财政部门至少补贴60%，其中，省级财政部门补贴25%，财政部补贴35%，其余保费由农户承担，或者由农户与龙头家庭农场、地方财政部门等共同承担。浙江省水稻种植保险对象为面积20亩及以上的种植大户、农业龙头家庭农场、农村经济合作组织、农民专业合作社等；保障范围为台风、暴风雨、洪水、雪灾和主要病虫害等造成的灾害；保险金额为每亩400元或600元，其中各级财政给予93%的保费补助，投保农户根据应该承担的比例缴纳保费。因人力无法抗拒的自然灾害，包括暴雨、洪水（政府进行的蓄洪除外）、内涝、风灾、雹灾、冻灾、旱灾、病虫害、鼠害等，对投保农作物造成的损失都可以得到保险赔偿。

农民在参加政策性农业保险后，要取得正常赔款，应当履行保险合同所约定的保险义务。平时要加强田间管理，按照农业技术部门的要求，做好病虫害预防。在灾害来临之前，要按照政府职能部门和保险公司的要求，认真做好防灾防损工作，积极施救，降低灾害损失。否则，保险公司会根据因保户未尽到合同约定的保险义务，导致损失发生或扩大的理由而减少赔款或拒绝赔款。

2. 养殖业保险

养殖业保险保费补贴对象是政府确定的特定品种的养殖业保险补贴地区投保的农户、养殖家庭农场、专业合作经济组织。养殖业保险保费财政补贴范围按补贴品种和补贴地区确定，补贴品种为能繁母猪和奶牛，补贴标准为能繁母猪保险费的80%，奶牛保险费的60%，还可选择其他养殖业险种予以支持，在符合国家有关文件精神的基础上，地方财政部门的保费补贴比例由省级财政部门根据本地实际情况确定。

因发生重大病害、自然灾害和意外事故所导致的投保养殖品种直接死亡所造成的损失，由保险公司负责赔偿。

①重大病害包括：能繁母猪的猪丹毒、猪肺疫、猪水泡病、猪链球菌、猪乙型脑炎、附红细胞体病、伪狂犬病、猪细小病毒、猪传染性萎缩性鼻炎、猪支原体肺炎、旋毛虫病、猪囊尾蚴病、猪副伤寒、猪圆环病毒病、猪传染性胃肠炎、猪魏氏梭菌病、口蹄疫、猪瘟、高致病性蓝耳病及其强制免疫副反应；奶牛的口蹄疫、布鲁氏菌病、牛结

核病、牛焦虫病、炭疽、伪狂犬病、副结核病、牛传染性鼻气管炎、牛出血性败血病、日本血吸虫病。发生高传染性疫病政府实施强制扑杀时，保险公司按正常赔偿额扣减政府扑杀专项补贴后的金额，对投保农户进行赔偿。

②自然灾害包括：暴雨、洪水（政府进行的蓄洪除外）、风灾、雷击、地震、冻雹、冻灾。

③意外事故包括：泥石流、山体滑坡、火灾、爆炸、建筑物倒塌、空中运行物体坠落。

农民在参加政策性农业保险后，要取得正常赔款，应当履行保险合同所约定的保险义务。平时要按畜牧部门和保险公司的要求，做好防疫、配种、妊娠等记录，建立健全和执行防疫、治疗的各项规章制度，在保险畜禽发病后要及时医治，做到早报告、早隔离、早治疗。否则，保险公司会根据因保户未尽到合同约定的保险义务，导致损失发生或扩大的理由而减少赔款或拒绝赔款。

3. 保险索赔规定

当发生保险责任范围内的灾害事故时，参保农户要做好下列相关工作。

①在第一时间，通过保险公司的服务热线电话进行报案，也可以直接向保险公司委托的政策性农业保险服务站或保险服务代理员报案。

②在保险公司查勘人员到达现场之前，要尽量保护好现场不受破坏，当被保险的财产仍处于危险之中时，要立即组织施救以减少损失。

③协助保险公司查勘人员做好定损理赔工作，在保险理赔人员的指导下，填写出险及理赔通知单、损失确认单等，说明事故发生的原因、经过和损失情况，协助理赔人

员现场清点和定损。

④积极提供赔款必备的相关部门证明材料，如畜禽疫病死亡，需要当地畜牧部门出具病因证明，并要提供按时接种的证明材料。

⑤在办齐相关赔偿手续、达成赔偿协议后，持保险单和保户的营业执照、法人代码证、个人身份证等办理赔款的必要证件向保险公司申请赔付。

⑥保险公司按照约定赔付时限，一般会在5个工作日内将赔款付给农户。

第三节　农村土地、沼气建设的扶持政策

一、农村土地政策

(一)土地承包经营权流转政策

土地承包经营权流转是伴随农村劳动力转移和农村经济发展的长期历史过程，反映了农地合理利用和优化配置的需要，是联结承包农户与规模经营主体、发展多种形式适度规模经营的重要渠道和纽带。国家高度重视农村土地承包经营权流转，相关法律政策主要有以下内容。

(1)流转前提。确保家庭承包经营制度长期稳定，落实和明晰土地承包经营权是进行土地承包经营权流转的前提。

(2)流转主体。流转的主体是承包方，承包方有权依法自主决定土地承包经营权是否流转和流转的方式，任何组织和个人不得强迫或阻碍承包方进行土地承包经营权流转。

(3)流转原则。土地承包经营权流转要遵循平等协商、依法、自愿、有偿原则，流转期限不得超过承包期的剩余

期限，受让方须有农业经营能力，在同等条件下本集体经济组织成员享有优先权。

（4）流转底线。土地承包经营权流转不得改变土地集体所有性质，不得改变土地用途，不得损害农民土地承包权益。

（5）流转方式。国家允许农民采取转包、出租、互换、转让、股份合作等方式流转土地承包经营权。采取转让方式流转的，应当经发包方同意；采取转包、出租、互换或者其他方式的，应当报发包方备案。土地承包经营权采取互换、转让方式流转，当事人要求登记的，应当向县级以上地方人民政府登记。通过招标、拍卖、公开协商等方式承包农村土地，经依法登记取得土地承包经营权证或者林权证等证书的，可以采取出租、互换、转让、入股、抵押等方式流转。

（6）流转机制。土地承包经营权流转机制是市场，禁止不顾条件，采取下达指标等行政手段推动土地承包经营权流转。国家鼓励和支持各地加强土地承包经营权流转管理和服务，按照产权明晰、形式多样、管理严格、流转顺畅的要求建立健全土地承包经营权流转市场，培育家庭农场、专业大户、农民专业合作社等规模经营主体，发展多种形式的适度规模经营。

（二）现有农村土地承包政策

目前，我国农村土地承包实行以家庭承包经营为基础、统分结合的双层经营体制。国家为稳定和完善农村土地承包关系，维护农民土地承包权益，先后制定了一系列政策，赋予农民更加充分而有保障的土地承包经营权，保持现有土地承包关系稳定并长久不变。以家庭承包经营为基础、统分结合的双层经营体制是适应社会主义市场经济体制、符合农业生产特点的农村基本经营制度，是党的农村政策的基石，必须毫不动摇地坚持。

二、沼气建设政策

（一）养殖小区和联户沼气建设项目

养殖小区集中供气工程是指在人畜分离、实行小区集中养殖的村，以畜禽粪便污水为原料，建设沼气集中工程，向附近农户提供沼气，以供气50户为基本建设单元，主要建设内容包括沼气发酵池、原料预处理、沼气供气和沼肥利用设施等。联户沼气工程分秸秆原料型和畜禽粪便原料型。秸秆原料型是指在不养殖或秸秆资源丰富的地区，以秸秆为发酵原料，建设沼气集中供气工程，向不养殖农户供气。一般以供气5户的沼气工程为基本建设单元，主要建设内容包括沼气池、贮气柜、沼气通道、灶具、粉碎机、预处理池等。畜禽粪便原料型是指以养殖农户为核心，以相邻几户为单元，建设沼气池，配套进行改厕、改厨，养殖改圈，通过输气管道实现集中供气，主要建设内容包括沼气池、贮气柜、沼气管道、灶具等。中央按集中供气农户数量予以适当补助。2008年，养殖小区集中供气沼气工程和畜禽粪便型联户沼气工程，按不超过户用沼气补助标准的120％予以补助；联户秸秆沼气工程按不超过户用沼气补助标准的150％予以补助。

（二）农村户用沼气和沼气服务网点设施建设项目

以户为单位的户用沼气，每户按一池三改（一个沼气池、改厨、改厕、改圈）建设，总投资4 000元，项目投资由中央、地方、农户共同承担。中央财政每户补助1 000元，主要用于沼气池、灶具建设及技工工资等。

一般每个乡村沼气服务网点配置一套进出料设备（农用三轮车、粉碎机、真空泵和沼液储罐等）和一套甲烷检测仪器、一套维修设备等。中央财政每个网点补助标准为0.8万元，用于购置部分进出料设备，其余由地方配套或服务网点或个人承担。

（三）规模养殖场大中型沼气工程项目

规模养殖场大中型沼气工程是指出栏3 000头以上的养猪场、存栏200头以上奶牛或出栏500头以上肉牛的养牛场建设的大中型沼气工程。要求养殖场具有独立法人资格，运营情况良好，能按要求落实工程建设所需配套资金和自筹资金。从2009年起，国家进一步鼓励发展大中型沼气工程，并根据发酵装置容积大小和上限控制相结合的原则确定中央补助数额。大中型沼气工程中央补助数额原则上按发酵装置容积大小等综合确定，补助项目总投资的25％，总量不超过100万元。对于具有新技术、新工艺的特殊项目，中央补助可适当提高。同时，地方政府也应加大对大中型沼气工程建设的支持力度，原则上对于申请中央补助的项目，地方政府投资不得低于项目总投资的25％。

附录一 开展农村土地承包经营权抵押贷款试点的通知

国办发〔2014〕17号

各省、自治区、直辖市人民政府，国务院各部委、各直属机构：

农村金融是我国金融体系的重要组成部分，是支持服务"三农"发展的重要力量。近年来，我国农村金融取得长足发展，初步形成了多层次、较完善的农村金融体系，服务覆盖面不断扩大，服务水平不断提高。但总体上看，农村金融仍是整个金融体系中最为薄弱的环节。为贯彻落实党的十八大、十八届三中全会精神和国务院的决策部署，积极顺应农业适度规模经营、城乡一体化发展等新情况新趋势新要求，进一步提升农村金融服务的能力和水平，实现农村金融与"三农"的共赢发展，经国务院同意，现提出以下意见。

一、深化农村金融体制机制改革

（一）分类推进金融机构改革。在稳定县域法人地位、维护体系完整、坚持服务"三农"的前提下，进一步深化农村信用社改革，积极稳妥组建农村商业银行，培育合格的市场主体，更好地发挥支农主力军作用。完善农村信用社管理体制，省联社要加快淡出行政管理，强化服务功能，优化协调指导，整合放大服务"三农"的能力。研究制定农业发展银行改革实施总体方案，强化政策性职能定位，明确政策性业务的范围和监管标准，补充资本金，建立健全治理结构，加大对农业开发和农村基础设施建设的中长期信贷支持。鼓励大中型银行根据农村市场需求变化，优化发展战略，加强对"三农"发展的金融支持。深化农业银行"三农金融事业部"改革试点，探索商业金融服务"三农"的可持续模式。鼓励邮政储蓄银行拓展农村金融业务，逐步扩大涉农业务范围。稳步培育发展村镇银行，提高民营资本持股比例，开展面向"三农"的差异化、特色化服务。各涉农金融机构要进一步下沉服务重心，切实做到不脱农、多惠农（银监会、人民银行、发展改革委、财政部、农业部等按职责分工分别负责）。

（二）丰富农村金融服务主体。鼓励建立农业产业投资基金、农业私募股权投资基金和农业科技创业投资基金。支持组建主要服务"三农"的金融租赁公司。鼓励组建政府出资为主、重点开展涉农担保业务的县域融资性担保机构或担保基金，支持其他融资性担保机构为农业生产经营主体提供融资担保服务。规范发展小额贷款公司，建立正向激励机制，拓宽融资渠道，加快接入征信系统，完善管理政策（财政部、发展改革委、银监会、人民银行、证监会、农业部等按职责分工分别负责）。

（三）规范发展农村合作金融。坚持社员制、封闭性、民主管理原则，在不对外吸储放贷、不支付固定回报的前提下，发展农村合作金融。支持农民合作社开展信用合作，积极稳妥组织试点，抓紧制定相关管理办法。在符合条件的农民合作社和供销合作社基础上培育发展农村合作金融组织。有条件的地方，可探索建立合作性的村级融资担保基金（银监会、人民银行、财政部、农业部、供销合作总社等按职责分工分别负责）。

二、大力发展农村普惠金融

（四）优化县域金融机构网点布局。稳定大中型商业银行县域网点，增强网点服务功能。按照强化支农、总量控制原则，对农业发展银行分支机构布局进行调整，重点向中西部及经济落后地区倾斜。加快在农业大县、小微企业集中地区设立村镇银行，支持其在乡镇布设网点（银监会、人民银行、财政部等按职责分工分别负责）。

（五）推动农村基础金融服务全覆盖。在完善财政补贴政策、合理补偿成本风险的基础上，继续推动偏远乡镇基础金融服务全覆盖工作。在具备条件的行政村，开展金融服务"村村通"工程，采取定时定点服务、自助服务终端，以及深化助农取款、汇款、转账服务和手机支付等多种形式，提供简易便民金融服务（银监会、人民银行、财政部等按职责分工分别负责）。

（六）加大金融扶贫力度。进一步发挥政策性金融、商业性金融和合作性金融的互补优势，切实改进对农民工、农村妇女、少数民族等弱势群体的金融服务。完善扶贫贴息贷款政策，引导金融机构全面做好支持农村贫困地区扶贫攻坚的金融服务工作（人民银行、财政部、银监会等按职责分工分别负责）。

三、引导加大涉农资金投放

（七）拓展资金来源。优化支农再贷款投放机制，向农村商业银行、农村合作银行、村镇银行发放支小再贷款，主要用于支持"三农"和农村地区小微企业发展。支持银行业金融机构发行专项用于"三农"的金融债。开展涉农资产证券化试点。对符合"三农"金融服务要求的县域农村商业银行和农村合作银行，适当降低存款准备金率（人民银行、银监会、证监会等按职责分工分别负责）。

（八）强化政策引导。切实落实县域银行业法人机构一定比例存款投放当地的政策。探索建立商业银行新设县域分支机构信贷投放承诺制度。支持符合监管要求的县域银行业金融机构扩大信贷投放，持续提高存贷比（人民银行、银监会、财政部等按职责分工分别负责）。

（九）完善信贷机制。在强化涉农业务全面风险管理的基础上，鼓励商业银行单列涉农信贷计划，下放贷款审批权限，优化绩效考核机制，推行尽职免责制度，调动"三农"信贷投放的内在积极性（银监会、人民银行等按职责分工分别负责）。

四、创新农村金融产品和服务方式

（十）创新农村金融产品。推行"一次核定、随用随贷、余额控制、周转使用、动态调整"的农户信贷模式，合理确定贷款额度、放款进度和回收期限。加快在农村地区推广应用微贷技术。推广产业链金融模式。大力发展农村电话银行、网上银行业务。创新和推广专营机构、信贷工厂等服务模式。鼓励开展农业机械等方面的金融租赁业务（银监会、人民银行、农业部、工业和信息化部、发展改革委等按职责分工分别负责）。

（十一）创新农村抵（质）押担保方式。制定农村土地承包经营权抵押贷款试点管理办法，在经批准的地区开展试点。慎重稳妥地开展农民住房财产权抵押试点。健全完善林权抵押登记系统，扩大林权抵押贷款规模。推广以农业机械设备、运输工具、水域滩涂养殖权、承包土地收益权等为标的的新型抵押担保方式。加强涉农信贷与涉农保险合作，将涉农保险投保情况作为授信要素，探索拓宽涉农保险保单质押范围（人民银行、银监会、保监会、国土资源部、农业部、林业局等按职责分工分别负责）。

（十二）改进服务方式。进一步简化金融服务手续，推行通俗易懂的合同文本，优化审批流程，规范服务收费，严禁在提供金融服务时附加不合理条件和额外费用，切实维护农民利益（银监会、证监会、保监会、发展改革委、人民银行等按职责分工分别负责）。

五、加大对重点领域的金融支持

（十三）支持农业经营方式创新。在部分地区开展金融支持农业规模化生产和集约化经营试点。积极推动金融产品、利率、期限、额度、流程、风险控制等方面创新，进一步满足家庭农场、专业大户、农民合作社和农业产业化龙头企业等新型农业经营主体的金融需求。继续加大对农民扩大再生产、消费升级和自主创业的金融支持力度（银监会、人民银行、农业部、证监会、保监会、发展改革委等按职责分工分别负责）。

（十四）支持提升农业综合生产能力。加大对耕地整理、农田水利、粮棉油糖高产创建、畜禽水产品标准化养殖、种养业良种生产等经营项目的信贷支持力度。重点支持农业科技进步、现代种业、农机装备制造、设施农业、农产品精深加工等现代农业项目和高科技农业项目（银监会、人民银行、发展改革委、农业部等按职责分工分别负责）。

（十五）支持农业社会化服务产业发展。支持农产品产地批发市场、零售市场、仓储物流设施、连锁零售等服务设施建设（银监会、人民银行、发展改革委、财政部、农业部、商务部、供销合作总社等按职责分工分别负责)。

(十六)支持农业发展方式转变。大力发展绿色金融，促进节水农业、循环农业和生态友好型农业发展(人民银行、银监会、农业部、林业局、发展改革委等按职责分工分别负责)。

(十七)探索支持新型城镇化发展的有效方式。创新适应新型城镇化发展的金融服务机制，重点发挥政策性金融作用，稳步拓宽城镇建设融资渠道，着力做好农业转移人口的综合性金融服务(人民银行、发展改革委、财政部、银监会等按职责分工分别负责)。

六、拓展农业保险的广度和深度

(十八)扩大农业保险覆盖面。重点发展关系国计民生和国家粮食安全的农作物保险、主要畜产品保险、重要"菜篮子"品种保险和森林保险。推广农房、农机具、设施农业、渔业、制种保险等业务(保监会、财政部、农业部、林业局等按职责分工分别负责)。

(十九)创新农业保险产品。稳步开展主要粮食作物、生猪和蔬菜价格保险试点，鼓励各地区因地制宜开展特色优势农产品保险试点。创新研发天气指数、农村小额信贷保证保险等新型险种(保监会、财政部、农业部、林业局、银监会、发展改革委等按职责分工分别负责)。

(二十)完善保费补贴政策。提高中央、省级财政对主要粮食作物保险的保费补贴比例，逐步减少或取消产粮大县的县级保费补贴(财政部、保监会、农业部等按职责分工分别负责)。

(二十一)加快建立财政支持的农业保险大灾风险分散机制，增强对重大自然灾害风险的抵御能力(财政部、保监会、农业部等按职责分工分别负责)。

(二十二)加强农业保险基层服务体系建设,不断提高农业保险服务水平(保监会、财政部、农业部、林业局等按职责分工分别负责)。

七、稳步培育发展农村资本市场

(二十三)大力发展农村直接融资。支持符合条件的涉农企业在多层次资本市场上进行融资,鼓励发行企业债、公司债和中小企业私募债。逐步扩大涉农企业发行中小企业集合票据、短期融资券等非金融企业债务融资工具的规模。支持符合条件的农村金融机构发行优先股和二级资本工具(证监会、人民银行、发展改革委、银监会等按职责分工分别负责)。

(二十四)发挥农产品期货市场的价格发现和风险规避功能。积极推动农产品期货新品种开发,拓展农产品期货业务。完善商品期货交易机制,加强信息服务,推动农民合作社等农村经济组织参与期货交易,鼓励农产品生产经营企业进入期货市场开展套期保值业务(证监会负责)。

(二十五)谨慎稳妥地发展农村地区证券期货服务。根据农村地区特点,有针对性地提升证券期货机构的专业能力,探索建立农村地区证券期货服务模式,支持农户、农业企业和农村经济组织进行风险管理,加强对投资者的风险意识教育和风险管理培训,切实保护投资者合法权益(证监会负责)。

八、完善农村金融基础设施

(二十六)推进农村信用体系建设。继续组织开展信用户、信用村、信用乡(镇)创建活动,加强征信宣传教育,坚决打击骗贷、骗保和恶意逃债行为(人民银行、银监会、保监会、公安部、发展改革委等按职责分工分别负责）。

（二十七）发展农村交易市场和中介组织。在严格遵守《国务院关于清理整顿各类交易场所切实防范金融风险的决定》（国发〔2011〕38号）的前提下，探索推进农村产权交易市场建设，积极培育土地评估、资产评估等中介组织，建设具有国内外影响力的农产品交易中心（证监会、发展改革委、国土资源部、农业部、财政部等按职责分工分别负责）。

（二十八）改善农村支付服务环境。推广非现金支付工具和支付清算系统，稳步推广农村移动便捷支付，不断提高农村地区支付服务水平（人民银行、工业和信息化部、银监会等按职责分工分别负责）。

（二十九）保护农村金融消费者权益。畅通农村金融消费者诉求渠道，妥善处理金融消费纠纷。继续开展送金融知识下乡、入社区、进校园活动，提高金融知识普及教育的有效性和针对性，增强广大农民风险识别、自我保护的意识和能力（银监会、证监会、保监会、人民银行、公安部等按职责分工分别负责）。

九、加大对"三农"金融服务的政策支持

（三十）健全政策扶持体系。完善政策协调机制，加快建立导向明确、激励有效、约束严格、协调配套的长期化、制度化农村金融政策扶持体系，为金融机构开展"三农"业务提供稳定的政策预期（财政部、人民银行、银监会、税务总局、证监会、保监会等按职责分工分别负责）。

（三十一）加大政策支持力度。按照"政府引导、市场运作"原则，综合运用奖励、补贴、税收优惠等政策工具，重点支持金融机构开展农户小额贷款、新型农业经营主体贷款、农业种植业养殖业贷款、大宗农产品保险，以及银行卡助农取款、汇款、转账等支农惠农政策性支付业务。按照"鼓励增量，兼顾存量"原则，完善涉农贷款财政奖励制度。优化农村金融税收政策，完善农户小额贷款税收优惠政策。落实对新型农村金融机构和基础金融服务薄弱地区的银行业金融机构（网点）的定向费用补贴政策。完善农村信贷损失补偿机制，探索建立地方财政出资的涉农信贷风险补偿基金。对涉农贷款占比高的县域银行业法人机构实行弹性存贷比，优先支持开展"三农"金融产品创新（财政部、人民银行、税务总局、银监会、保监会等按职责分工分别负责）。

（三十二）完善涉农贷款统计制度。全面、及时、准确反映农林牧渔业贷款、农户贷款、农村小微企业贷款以及农民合作社贷款情况，依据涉农贷款统计的多维口径制定金融政策和差别化监管措施，提高政策支持的针对性和有效性（人民银行、银监会等按职责分工分别负责）。

（三十三）开展政策效果评估，不断完善相关政策措施，更好地引导带动金融机构支持"三农"发展（财政部、人民银行、银监会、农业部、税务总局、证监会、保监会等按职责分工分别负责）。

（三十四）防范金融风险。金融管理部门要按照职责分工，加强金融监管，着力做好风险识别、监测、评估、预警和控制工作，进一步发挥金融监管协调部际联席会议制度的作用，不断健全新形势下的风险处置机制，切实维护金融稳定。各金融机构要进一步健全制度，完善风险管理。地方人民政府要按照监管规则和要求，切实担负起对小额贷款公司、担保公司、典当行、农村资金互助合作组织的监管责任，层层落实突发金融风险事件处置的组织职责，制定完善风险应对预案，守住底线（银监会、证监会、保监会、人民银行等按职责分工分别负责）。

（三十五）加强督促检查。各地区、各有关部门和各金融机构要按照国务院统一部署，增强做好"三农"金融服务工作的责任感和使命感，各司其职，协调配合，扎实推动各项工作。地方各级人民政府要结合本地区实际，抓紧研究制定扶持政策，加大对农村金融改革发展的政策支持力度。各省、自治区、直辖市人民政府要按年度对本地区金融支持"三农"发展工作进行全面总结，提出政策意见和建议，于次年1月底前报国务院。各有关部门要按照职责分工精心组织，切实抓好贯彻落实工作，银监会要牵头做好督促检查和各地区工作情况的汇总工作，确保各项政策措施落实到位。

国务院办公厅
2014 年 4 月 20 日

附录二 农业部关于促进家庭农场
发展的指导意见

2014年2月24日，农业部以农经发〔2014〕1号印发《关于促进家庭农场发展的指导意见》。该《意见》分充分认识促进家庭农场发展的重要意义、把握家庭农场基本特征、明确工作指导要求、探索建立家庭农场管理服务制度、引导承包土地向家庭农场流转、落实对家庭农场的相关扶持政策、强化面向家庭农场的社会化服务、完善家庭农场人才支撑政策、引导家庭农场加强联合与合作、加强组织领导10部分。

近年来各地顺应形势发展需要，积极培育和发展家庭农场，取得了初步成效，积累了一定经验。为贯彻落实党的十八届三中全会、中央农村工作会议精神和中央1号文件要求，加快构建新型农业经营体系，现就促进家庭农场发展提出以下意见。

一、充分认识促进家庭农场发展的重要意义。当前，我国农业农村发展进入新阶段，要应对农业兼业化、农村空心化、农民老龄化，解决谁来种地、怎样种好地的问题，亟需加快构建新型农业经营体系。家庭农场作为新型农业经营主体，以农民家庭成员为主要劳动力，以农业经营收入为主要收入来源，利用家庭承包土地或流转土地，从事规模化、集约化、商品化农业生产，保留了农户家庭经营的内核，坚持了家庭经营的基础性地位，适合我国基本国情，符合农业生产特点，契合经济社会发展阶段，是农户家庭承包经营的升级版，已成为引领适度规模经营、发展现代农业的有生力量。各级农业部门要充分认识发展家庭农场的重要意义，把这项工作摆上重要议事日程，切实加强政策扶持和工作指导。

二、把握家庭农场基本特征。现阶段，家庭农场经营者主要是农民或其他长期从事农业生产的人员，主要依靠家庭成员而不是依靠雇工从事生产经营活动。家庭农场专门从事农业，主要进行种养业专业化生产，经营者大都接受过农业教育或技能培训，经营管理水平较高，示范带动能力较强，具有商品农产品生产能力。家庭农场经营规模适度，种养规模与家庭成员的劳动生产能力和经营管理能力相适应，符合当地确定的规模经营标准，收入水平能与当地城镇居民相当，实现较高的土地产出率、劳动生产率和资源利用率。各地要正确把握家庭农场特征，从实际出发，根据产业特点和家庭农场发展进程，引导其健康发展。

三、明确工作指导要求。在我国，家庭农场作为新生事物，还处在发展的起步阶段。当前主要是鼓励发展、支持发展，并在实践中不断探索、逐步规范。发展家庭农场要紧紧围绕提高农业综合生产能力、促进粮食生产、农业增效和农民增收来开展，要重点鼓励和扶持家庭农场发展粮食规模化生产。要坚持农村基本经营制度，以家庭承包经营为基础，在土地承包经营权有序流转的基础上，结合培育新型农业经营主体和发展农业适度规模经营，通过政策扶持、示范引导、完善服务，积极稳妥地加以推进。要充分认识到，在相当长时期内普通农户仍是农业生产经营的基础，在发展家庭农场的同时，不能忽视普通农户的地位和作用。要充分认识到，不断发展起来的家庭经营、集体经营、合作经营、企业经营等多种经营方式，各具特色、各有优势，家庭农场与专业大户、农民合作社、农业产业化经营组织、农业企业、社会化服务组织等多种经营主体，都有各自的适应性和发展空间，发展家庭农场不排斥其他农业经营形式和经营主体，不只追求一种模式、一个标准。要充分认识到，家庭农场发展是一个渐进过程，要靠农民自主选择，防止脱离当地实际、违背农民意愿、片面追求超大规模经营的倾向，人为归大堆、垒大户。

四、探索建立家庭农场管理服务制度。为增强扶持政策的精准性、指向性，县级农业部门要建立家庭农场档案，县以上农业部门可从当地实际出发，明确家庭农场认定标准，对经营者资格、劳动力结构、收入构成、经营规模、管理水平等提出相应要求。各地要积极开展示范家庭农场创建活动，建立和发布示范家庭农场名录，引导和促进家庭农场提高经营管理水平。依照自愿原则，家庭农场可自主决定办理工商注册登记，以取得相应市场主体资格。

五、引导承包土地向家庭农场流转。健全土地流转服务体系，为流转双方提供信息发布、政策咨询、价格评估、合同签订指导等便捷服务。引导和鼓励家庭农场经营者通过实物计租货币结算、租金动态调整、土地经营权入股保底分红等利益分配方式，稳定土地流转关系，形成适度的土地经营规模。鼓励有条件的地方将土地确权登记、互换并地与农田基础设施建设相结合，整合高标准农田建设等项目资金，建设连片成方、旱涝保收的农田，引导流向家庭农场等新型经营主体。

六、落实对家庭农场的相关扶持政策。各级农业部门要将家庭农场纳入现有支农政策扶持范围，并予以倾斜，重点支持家庭农场稳定经营规模、改善生产条件、提高技术水平、改进经营管理等。加强与有关部门沟通协调，推动落实涉农建设项目、财政补贴、税收优惠、信贷支持、抵押担保、农业保险、设施用地等相关政策，帮助解决家庭农场发展中遇到的困难和问题。

七、强化面向家庭农场的社会化服务。基层农业技术推广机构要把家庭农场作为重要服务对象，有效提供农业技术推广、优良品种引进、动植物疫病防控、质量检测检验、农资供应和市场营销等服务。支持有条件的家庭农场建设试验示范基地，担任农业科技示范户，参与实施农业技术推广项目。引导和鼓励各类农业社会化服务组织开展面向家庭农场的代耕代种代收、病虫害统防统治、肥料统配统施、集中育苗育秧、灌溉排水、贮藏保鲜等经营性社会化服务。

八、完善家庭农场人才支撑政策。各地要加大对家庭农场经营者的培训力度，确立培训目标、丰富培训内容、增强培训实效，有计划地开展培训。要完善相关政策措施，鼓励中高等学校特别是农业职业院校毕业生、新型农民和农村实用人才、务工经商返乡人员等兴办家庭农场。将家庭农场经营者纳入新型职业农民、农村实用人才、"阳光工程"等培育计划。完善农业职业教育制度，鼓励家庭农场经营者通过多种形式参加中高等职业教育提高学历层次，取得职业资格证书或农民技术职称。

九、引导家庭农场加强联合与合作。引导从事同类农产品生产的家庭农场通过组建协会等方式，加强相互交流与联合。鼓励家庭农场牵头或参与组建合作社，带动其他农户共同发展。鼓励工商企业通过订单农业、示范基地等方式，与家庭农场建立稳定的利益联结机制，提高农业组织化程度。

十、加强组织领导。各级农业部门要深入调查研究，积极向党委、政府反映情况、提出建议，研究制定本地区促进家庭农场发展的政策措施，加强与发改、财政、工商、国土、金融、保险等部门协作配合，形成工作合力，共同推进家庭农场健康发展。要加强对家庭农场财务管理和经营指导，做好家庭农场统计调查工作。及时总结家庭农场发展过程中的好经验、好做法，充分运用各类新闻媒体加强宣传，营造良好社会氛围。

国有农场可参照本意见，对农场职工兴办家庭农场给予指导和扶持。

农业部

2014 年 2 月 24 日

附录三 中国人民银行关于做好家庭农场等新型农业经营主体金融服务的指导意见

中国人民银行上海总部,各分行、营业管理部,各省会(首府)城市中心支行,各副省级城市中心支行;国家开发银行、各政策性银行、国有商业银行、股份制商业银行、中国邮政储蓄银行;交易商协会:

为贯彻落实党的十八届三中全会、中央经济工作会议、中央农村工作会议和《中共中央国务院关于全面深化农村改革加快推进农业现代化的若干意见》(中发〔2014〕1号)精神,扎实做好家庭农场等新型农业经营主体金融服务,现提出如下意见。

一、充分认识新形势下做好家庭农场等新型农业经营主体金融服务的重要意义。家庭农场、专业大户、农民合作社、产业化龙头企业等新型农业经营主体是当前实现农村农户经营制度基本稳定和农业适度规模经营有效结合的重要载体。培育发展家庭农场等新型农业经营主体,加大对新型农业经营主体的金融支持,对于加快推进农业现代化、促进城乡统筹发展和实现"四化同步"目标具有重要意义。人民银行各分支机构、各银行业金融机构要充分认识农业现代化发展的必然趋势和家庭农场等新型农业经营主体的历史地位,积极推动金融产品、利率、期限、额度、流程、风险控制等方面创新，合理调配信贷资源，扎实做好新型农业经营主体各项金融服务工作，支持和促进农民增收致富和现代农业加快发展。

二、切实加大对家庭农场等新型农业经营主体的信贷支持力度。各银行业金融机构对经营管理比较规范、主要从事农业生产、有一定生产经营规模、收益相对稳定的家庭农场等新型农业经营主体，应采取灵活方式确定承贷主体，按照"宜场则场、宜户则户、宜企则企、宜社则社"的原则，简化审贷流程，确保其合理信贷需求得到有效满足。重点支持新型农业经营主体购买农业生产资料、购置农机具、受让土地承包经营权、从事农田整理、农田水利、大棚等基础设施建设维修等农业生产用途，发展多种形式规模经营。

三、合理确定贷款利率水平，有效降低新型农业经营主体的融资成本。对于符合条件的家庭农场等新型农业经营主体贷款，各银行业金融机构应从服务现代农业发展的大局出发，根据市场化原则，综合调配信贷资源，合理确定利率水平。对于地方政府出台了财政贴息和风险补偿政策以及通过抵质押或引入保险、担保机制等符合条件的新型农业经营主体贷款，利率原则上应低于本机构同类同档次贷款利率平均水平。各银行业金融机构在贷款利率之外不应附加收费，不得搭售理财产品或附加其他变相提高融资成本的条件，切实降低新型农业经营主体融资成本。

四、适当延长贷款期限，满足农业生产周期实际需求。对日常生产经营和农业机械购买需求，提供1年期以内短期流动资金贷款和1至3年期中长期流动资金贷款支持；对于受让土地承包经营权、农田整理、农田水利、农业科技、农业社会化服务体系建设等，可以提供 3 年期以上农业项目贷款支持；对于从事林木、果业、茶叶及林下经济等生长周期较长作物种植的，贷款期限最长可为 10 年，具体期限由金融机构与借款人根据实际情况协商确定。在贷款利率和期限确定的前提下，可适当延长本息的偿付周期，提高信贷资金的使用效率。对于林果种植等生产周期较长的贷款，各银行业金融机构可在风险可控的前提下，允许贷款到期后适当展期。

五、合理确定贷款额度，满足农业现代化经营资金需求。各银行业金融机构要根据借款人生产经营状况、偿债能力、还款来源、贷款真实需求、信用状况、担保方式等因素，合理确定新型农业经营主体贷款的最高额度。原则上，从事种植业的专业大户和家庭农场贷款金额最高可以为借款人农业生产经营所需投入资金的 70%，其他专业大户和家庭农场贷款金额最高可以为借款人农业生产经营所需投入资金的 60%。家庭农场单户贷款原则上最高可达 1 000 万元。鼓励银行业金融机构在信用评定基础上对农民合作社示范社开展联合授信，增加农民合作社发展资金，支持农村合作经济发展。

六、加快农村金融产品和服务方式创新，积极拓宽新型农业经营主体抵质押担保物范围。各银行业金融机构要加大农村金融产品和服务方式创新力度，针对不同类型、不同经营规模家庭农场等新型农业经营主体的差异化资金需求，提供多样化的融资方案。对于种植粮食类新型农业经营主体，应重点开展农机具抵押、存货抵押、大额订单质押、涉农直补资金担保、土地流转收益保证贷款等业务，探索开展粮食生产规模经营主体营销贷款创新产品；对于种植经济作物类新型农业经营主体，要探索蔬菜大棚抵押、现金流抵押、林权抵押、应收账款质押贷款等金融产品；对于畜禽养殖类新型农业经营主体，要重点创新厂房抵押、畜禽产品抵押、水域滩涂使用权抵押贷款业务；对产业化程度高的新型农业经营主体，要开展"新型农业经营主体＋农户"等供应链金融服务；对资信情况良好、资金周转量大的新型农业经营主体要积极发放信用贷款。人民银行各分支机构要根据中央统一部署，主动参与制定辖区试点实施方案，因地制宜，统筹规划，积极稳妥推动辖内农村土地承包经营权抵押贷款试点工作，鼓励金融机构推出专门的农村土地承包经营权抵押贷款产品，配置足够的信贷资源，创新开展农村土地承包经营权抵押贷款业务。

七、加强农村金融基础设施建设，努力提升新型农业经营主体综合金融服务水平。进一步改善农村支付环境，鼓励各商业银行大力开展农村支付业务创新，推广POS机、网上银行、电话银行等新型支付业务，多渠道为家庭农场提供便捷的支付结算服务。支持农村粮食、蔬菜、农产品、农业生产资料等各类专业市场使用银行卡、电子汇划等非现金支付方式。探索依托超市、农资站等组建村组金融服务联系点，深化银行卡助农取款服务和农民工银行卡特色服务，进一步丰富村组的基础性金融服务种类。完善农村支付服务政策扶持体系。持续推进农村信用体系建设，建立健全对家庭农场、专业大户、农民合作社的信用采集和评价制度，鼓励金融机构将新型农业经营主体的信用评价与信贷投放相结合，探索将家庭农场纳入征信系统管理，将家庭农场主要成员一并纳入管理，支持守信家庭农场融资。

八、切实发挥涉农金融机构在支持新型农业经营主体发展中的作用。农村信用社(包括农村商业银行、农村合作银行)要增强支农服务功能,加大对新型农业经营主体的信贷投入;农业发展银行要围绕粮棉油等主要农产品的生产、收购、加工、销售,通过"产业化龙头企业＋家庭农场"等模式促进新型农业经营主体做大做强。积极支持农村土地整治开发、高标准农田建设、农田水利等农村基础设施建设,改善农业生产条件;农业银行要充分利用作为国有商业银行"面向三农"的市场定位和"三农金融事业部"改革的特殊优势,创新完善针对新型农业经营主体的贷款产品,探索服务家庭农场的新模式;邮政储蓄银行要加大对"三农"金融业务的资源配置,进一步强化县以下机构网点功能,不断丰富针对家庭农场等新型农业经营主体的信贷产品。农业发展银行、农业银行、邮政储蓄银行和农村信用社等涉农金融机构要积极探索支持新型农业经营主体的有效形式,可选择部分农业生产重点省份的县(市),提供"一对一服务",重点支持一批家庭农场等新型农业经营主体发展现代农业。其他涉农银行业金融机构及小额贷款公司,也要在风险可控前提下,创新信贷管理体制,优化信贷管理流程,积极支持新型农业经营主体发展。

九、综合运用多种货币政策工具,支持涉农金融机构加大对家庭农场等新型农业经营主体的信贷投入。人民银行各分支机构要综合考虑差别准备金动态调整机制有关参数,引导地方法人金融机构增加县域资金投入,加大对家庭农场等新型农业经营主体的信贷支持。对于支持新型农业经营主体信贷投放较多的金融机构,要在发放支农再贷款、办理再贴现时给予优先支持。通过支农再贷款额度在地区间的调剂，不断加大对粮食主产区的倾斜，引导金融机构增加对粮食主产区新型农业经营主体的信贷支持。

十、创新信贷政策实施方式。人民银行各分支机构要将新型农业经营主体金融服务工作与农村金融产品和服务方式创新、农村金融产品创新示范县创建工作有机结合，推动涉农信贷政策产品化，力争做到"一行一品"，确保政策落到实处。充分发挥县域法人金融机构新增存款一定比例用于当地贷款考核政策的引导作用，提高县域法人金融机构支持新型农业经营主体的意愿和能力。深入开展涉农信贷政策导向效果评估，将对新型农业经营主体的信贷投放情况纳入信贷政策导向效果评估，以评估引导带动金融机构支持新型农业经营主体发展。

十一、拓宽家庭农场等新型农业经营主体多元化融资渠道。对经工商注册为有限责任公司、达到企业化经营标准、满足规范化信息披露要求且符合债务融资工具市场发行条件的新型家庭农场，可在银行间市场建立绿色通道，探索公开或私募发债融资。支持符合条件的银行发行金融债券专项用于"三农"贷款，加强对募集资金用途的后续监督管理，有效增加新型农业经营主体信贷资金来源。鼓励支持金融机构选择涉农贷款开展信贷资产证券化试点，盘活存量资金，支持家庭农场等新型农业经营主体发展。

十二、加大政策资源整合力度。人民银行各分支机构要积极推动当地政府出台对家庭农场等新型农业经营主体贷款的风险奖补政策，切实降低新型农业经营主体融资成本。鼓励有条件的地区由政府出资设立融资性担保公司或在现有融资性担保公司中拿出专项额度，为新型农业经营主体提供贷款担保服务。各银行业金融机构要加强与办理新型农业经营主体担保业务的担保机构的合作,适当扩大保证金的放大倍数,推广"贷款＋保险"的融资模式,满足新型农业经营主体的资金需求。推动地方政府建立农村产权交易市场,探索农村集体资产有序流转的风险防范和保障制度。

十三、加强组织协调和统计监测工作。人民银行各分支机构要加强与地方政府有关部门和监管部门的沟通协调,建立信息共享和工作协调机制,确保对家庭农场等新型农业经营主体的金融服务政策落到实处。要积极开展对辖区内各经办银行的业务指导和统计分析,按户、按金融机构做好家庭农场等新型农业经营主体金融服务的季度统计报告,动态跟踪辖区内新型农业经营主体金融服务工作进展情况。同时要密切关注主要农产品生产经营形势、供需情况、市场价格变化,防范新型农业经营主体信贷风险。

请人民银行各分支机构将本通知转发至辖区内相关金融机构,并做好贯彻落实工作,有关落实情况和问题要及时上报总行。

中国人民银行

2014 年 2 月 13 日

参考文献

[1]王圣宏. 国内外循环农业研究与发展比较分析[J]. 环境保护循环经济，2010(11)15-17.

[2]汪晓云. 如何建设高品位的观光农业园. 中国农业园区与现代农业[M]. 北京：中国农业科学技术出版社，2010.

[3]李晓，林正雨，何鹏，等. 区域现代农业规划理论与方法研究[J]. 西南农业学报，2010，23（3）：953-958.

[4]王树进. 农业园区的四因规划法应用要点与案例. 中国农业园区与现代农业[M]. 北京：中国农业科学技术出版社，2010.